电力源网荷储一体化典型案例

源网荷储一体化专家工作组 组织编写

Typical Cases
of Source-Grid-Load-Storage Integration
in Electric Power Systems

化学工业出版社
·北京·

内容简介

本书立足能源转型与新型电力系统建设背景，系统阐述了电力源网荷储一体化的基本概念、技术体系、应用场景及发展趋势。通过深入剖析9个具有代表性的国内实践案例，全面呈现了一体化项目在优化能源结构、增加系统灵活性、促进可再生能源高效消纳等方面的核心价值与实践路径。同时，本书从政策支持、技术创新与市场机制等多维度展开探讨，为源网荷储一体化的规模化推进提供理论支撑与实施建议。

本书可供能源电力领域的政策研究与制定人员，电网企业与发电集团管理人员、工程技术及科研人员，从事能源规划、低碳转型与智能电网相关工作的专业人士参考，也可供高等学校新能源、电气类、储能科学与工程等相关专业师生参阅。无论是从战略层面把握源网荷储一体化发展方向，或是从实践层面探索项目落地路径，本书皆可为读者提供系统、权威的参考与指导。

图书在版编目（CIP）数据

电力源网荷储一体化典型案例 / 源网荷储一体化专家工作组组织编写. -- 北京：化学工业出版社，2025.11. -- ISBN 978-7-122-49485-6

Ⅰ. TM715

中国国家版本馆 CIP 数据核字第 2025H4E466 号

责任编辑：卢萌萌　杜　熠　　文字编辑：杜　熠
责任校对：刘曦阳　　装帧设计：史利平

出版发行：化学工业出版社
(北京市东城区青年湖南街13号　邮政编码100011)
印　　装：北京新华印刷有限公司
710mm×1000mm　1/16　印张 $7\frac{1}{4}$　字数101千字
2026年4月北京第1版第1次印刷

购书咨询：010-64518888　　售后服务：010-64518899
网　　址：http://www.cip.com.cn
凡购买本书，如有缺损质量问题，本社销售中心负责调换。

定　　价：98.00元

《电力源网荷储一体化典型案例》
组织委员会

《电力源网荷储一体化典型案例》
编写委员会

主　　编： 裴哲义

副 主 编： 陆　晓　周锡卫　韩文德　朱俊鹏

编写人员： 雷　震　崔　玉　胡　伟　杨梓俊　荆江平
郭　野　仇晨光　梁文腾　高　磊　卜强生
易文飞　庄舒仪　叶志刚　周　昶　汪　春
黄　堃　龙　寰　张大林　张钰金　马骏毅
崔　程　夏鹏程　鲁　伦　付柳笛　陈　康
王　博　岳付昌　何俊池　郭　左　刘博文
冯子航　陈　璐　倪　虹　马金辉　方进虎
汪　坤　吕晓娜　陈文进　沈　华　韩中杰
陶　欢　袁国珍　樊　卡　杨丰艺　温烨婷
于　晨　胡海崑　吴静琦　刘双宇　曾　然
任　凯　韩　昌　苏建锋　邱点兵

特别支持单位： 江苏省储能行业协会

序

随着我国清洁能源转型深入和新型电力系统建设，新能源发展模式从集中式开发到集中与分布式开发并重，再到源网荷储一体化，走出了一条适合中国能源资源分布和电力系统特点的独特道路。源网荷储作为整合可再生能源发电（源）、电网传输（网）、负荷消纳（荷）、储能调节（储）的一体化技术范式，凭借其“源荷互动、网储协同”的核心优势，成为破解新能源消纳难题、提升电力系统灵活性与稳定性的关键路径，更是构建新型电力系统的重要支撑。

源网荷储的本质，是通过技术创新与机制协同，从“源随荷动”的传统电力运行模式，转变为“源网荷储互动”新的运行模式。从分布式光伏与用户侧储能的微观协同，到区域级虚拟电厂的集群调度；从工业园区的综合能源优化，到偏远地区的独立供电保障，源网荷储技术正以多元化的应用形态，渗透到能源生产、传输、消费的全链条，为不同场景提供定制化的能源解决方案。这些实践不仅验证了技术路线的可行性，更积累了宝贵的工程经验、商业模式与管理智慧，成为推动能源转型从“概念”走向“实效”的鲜活样本。

《电力源网荷储一体化典型案例》汇集了来自电网、工业园区、微电网、虚拟电厂等多种形式的典型案例，涵盖电网侧与用户侧、市场化与公益性等多种应用场景。每个案例均聚焦技术创新、模式突破、效益提升等核心维度，详细呈现项目背景、技术方案、实施成效与经验启示，全面展现了源网荷储技术在不同场景下的应用潜力与实践价值。

期待本案例集可为能源行业从业者、政策制定者、科研工作者及相关投资者提供有益参考，助力各方深化对源网荷储技术的理解与应用；更希望能凝聚行业共识，激发创新活力，推动源网荷储技术在更大范围、更高水平上实现规模化应用，为我国新型电力系统建设、“双碳”目标达成注入强劲动力。

谨以此序，致谢所有为源网荷储技术创新与实践付出努力的仁人志士，并祝愿本案例集能发挥应有价值，赋能能源转型之路行稳致远。

前言

随着以风能、太阳能为代表的可再生能源规模化发展与智能电网技术的持续演进，我国电力系统正经历一场结构性的深刻变革——从以化石能源为主体、大机组集中式的传统模式，加速转向以新能源为主体、源网荷储深度融合的新型电力系统。这一转型是践行“双碳”目标的内在要求，同时也深刻重构了电力系统的运行逻辑，为电力系统的安全、经济与高效运行带来全新挑战：新能源的波动性与随机性加剧了电力供需的时空错配；系统惯量持续下降威胁着电网的稳定运行；源、网、荷、储各环节存在的“规划脱节”与“管理孤岛”，会直接影响到系统运行效率和灵活调节能力的发挥。破解上述难题，关键在于推进电力源网荷储一体化发展。其核心要义在于，通过先进的信息通信、协同控制与市场机制，将电源、电网、负荷、储能等环节深度耦合，实现从“源随荷动”的单向计划模式向“源网荷储互动”的智能协同模式根本性转变。国家《新型电力系统发展蓝皮书》明确了“三步走”发展路径，其中“加速转型期（2023—2030 年）”的重点任务之一正是推动各环节柔性互动与智能协同。然而，从宏伟蓝图到生动实践仍面临诸多现实挑战：技术路径如何因地制宜选择？市场机制如何有效激励多元主体？标准协议如何实现互联互通？

为探索这些共性问题的解决方案，记录并推广来自一线的创新实践，我们组织编写了本案例集。旨在通过对典型实践的系统梳理与深度剖析，为行业提供可借鉴、可讨论、可发展的实证参考。在案例编撰前，我们于2023年面向全国开展了电力源网荷储一体化典型案例征集工作，共收到申报案例40余项。经行业专家组多轮评审与充分研讨，并赴项目实地考察后，最终遴选出9个最具代表性的优秀案例编入本书。这些案例涵盖省级、市县级、园区级三个层面，各有侧重：省级案例旨在应对省内电网因新能源波动性带来的调峰压力、局部阻塞等运行难题，重点展示了省级电网通过源网荷储一体化模式，统筹省内各类灵活调节资源、优化调度策略、保障电网安全稳定运行的破题思路与实践经验；市县级案例聚焦于提升本地区能源自平衡能力与分布式资源的精准管控，重点探索了如何通过配电网智能化改造、虚拟电厂聚合以及需求侧响应机制，有效解决分布式光伏“管不住”、柔性负荷“调不动”的本地化难题；园区级案例则深入探讨高比例新能源接入下的园区级微电网运营与能效提升，具体展示了如何通过冷热电气氢多能协同、光储直柔一体化系统等技术路径，实现园区的能源自给自足、降本增效，并为商业模式创新提供实证样本。

我们期望，本书不仅是对现阶段实践成果的一次集中展示，更能为政策制定者，电网企业、发电集团、用能单位、技术服务商及科研院所等各方同仁，提供推动电力源网荷储一体化发展的战略思考与实践借鉴，共同助力电力系统的智能化转型与可持续发展。我们相信，每一次实践的总结，都是迈向未来的一步。期待本书能为推动我国能源绿色低碳转型与新型电力系统建设贡献一份力量。让我们携手前行，共同开创电力源网荷储一体化协同发展的新篇章，为构建清洁低碳、安全高效的现代能源体系而不懈努力。

本书的顺利出版，得益于江苏省储能行业协会及各案例提供单位的大力支持与无私分享，在此致以最诚挚的感谢。需要特别说明的是，电力源网荷储一体化领域正处于快速创新与迭代的阶段，新技术、新模式、新业态不断涌现。受限于案例征集的时间与范围，本书未能尽收所有优秀实践案例，所选案例的技术方案亦有其特定的适用边界。恳请广大读者在参考时能结合自身实际辩证应用，并对书中存在的不足及疏漏之处予以批评指正。

中国电力企业联合会科技服务中心有限责任公司
工业领域电力需求侧管理办公室
源网荷储一体化专家工作组
2025 年 12 月

目录

第一章

电力源网荷储一体化概述

001

第二章

电力源网荷储一体化典型案例

013

第一章

电力源网荷储一体化概述

全球能源体系正经历一场以低碳化、智能化为核心的深刻变革，这一转型源于应对全球气候变化的紧迫需求与保障国家能源安全的战略考量。中国提出“2030 年前碳达峰、2060 年前碳中和”的宏伟目标，对能源电力行业的发展路径提出了革命性要求。在此背景下，高比例可再生能源接入电网，使得电力系统呈现显著的“双侧随机性”（电源侧与负荷侧）和“双高”（高比例新能源、高比例电力电子设备）特征，对电网的安全稳定运行构成巨大挑战。推动源网荷储一体化发展正是破解这一矛盾、构建新型电力系统的关键破局点。

为明确发展路径，国家发展改革委、国家能源局于 2021 年 3 月联合发布了《关于推进电力源网荷储一体化和多能互补发展的指导意见》，从国家层面确立了其战略定位。源网荷储一体化的本质是通过源源互补、源网协调、网荷互动、网储互动和源荷互动等多种交互形式，将能源的生产（源）、传输（网）、使用（荷）和储存（储）作为有机整体进行集成化管理和协同优化。

其战略价值主要体现在以下 3 个方面：

① 提升电力系统效能与效益：强化源网荷储各环节间协调互动，充分挖掘系统灵活性调节能力和需求侧资源，有助于各类资源的高效协调开发和科学配置，提升系统运行效率和电源开发综合效益，构建多元供能智慧保障体系。

② 推动能源绿色低碳转型：优先利用清洁能源资源、充分发挥常

规电站调节性能、适度配置储能设施、调动需求侧灵活响应积极性，是加快能源转型、促进能源领域与生态环境协调可持续发展的关键路径。

③ 优化能源资源配置格局：新能源富集的西部地区源网荷储一体化建设发展不仅有益于西部地区清洁能源的开发利用，而且有益于提升跨区新能源外送稳定性和通道利用率，对形成“东西互济、柔性协同、绿色高效”的现代能源配置体系具有积极意义。

下面将从源网荷储一体的基本特征、关键技术、实施路径、未来展望等方面进行详细概述。

第一节　源网荷储一体化基本特征

源网荷储一体化作为构建新型电力系统的核心范式，其根本特征在于通过数字技术与市场机制，打破传统电力系统“源-网-荷”单向链式运行的桎梏，将储能作为关键支撑要素，实现全环节的深度耦合与智能协同。它并非技术的简单堆砌，而是从运行逻辑、互动形态到价值创造的一场系统性重塑，呈现出集成化、互动化、价值化的鲜明特征。具体而言，其基本特征可系统性地归纳为以下 3 个方面。

一、资源管理集成化

源网荷储一体化的基础是实现物理系统与信息系统的深度融合与全域集成。这超越了简单的设备连接，强调的是规划建设、运行调度、市场交易的全链条、全周期协同。

（1）规划建设协同

在顶层设计阶段，即需统一规划电源布局、电网结构、负荷发展与储能配置，避免“头痛医头、脚痛医脚”的碎片化投资，从源头上确保系统结构的合理性与灵活性。例如，在新能源基地开发时，同步规划配套储能、外送通道和本地消纳负荷，实现一体化同步投产。

（2）运行调度协同

新型电力系统下，调度的对象不仅是传统的发电厂和用户，还需同时面向虚拟电厂、可中断负荷、分布式储能等海量分散资源，需要依托“云-边-端”协同的智能调控平台，实现对源、网、荷、储资源的全景感知、精准预测、智能决策和协同控制。

（3）管理标准协同

建立统一的技术标准、数据接口和通信协议，破除各环节间的“信息孤岛”和“技术壁垒”，确保各类资源能够即插即用、互联互通，为一体化协同奠定技术基础。

二、互动形式多样化

一体化的核心在于激活系统内生的互动潜力，互动形态呈现出多层次、多时空尺度的特点，是实现动态平衡的关键。

（1）多时间尺度互动

包括毫秒/秒级的调频互动（如储能、燃气机组快速响应）、分钟/小时级的调峰与能量平衡互动（如需求响应、火电灵活性改造），以及日以上/季节级的互济互动（如抽水蓄能、跨季节储能），共同保障了电力电量的实时平衡与长期协调。

（2）多空间层级互动

互动发生在“省级主干电网-地市级配电网-园区级微电网/用户侧”等多个空间层级。主干电网负责大范围资源优化配置，配电网实现分布式资源的就地平衡与消纳，微电网与用户侧则构成系统末梢的灵敏“细胞”，形成“大电网互联、微电网协同”的多层级互动格局。

（3）多市场主体互动

通过建立完善的电力现货市场、辅助服务市场等，为发电企业、电网公司、售电公司、电力用户、负荷聚合商、储能运营商等多元化主体提供透明、公平的交易平台，以价格信号引导各类资源主动参与系统调节，实现互动行为的市场化、常态化。

三、灵活资源聚合化

一体化通过聚合与优化，将系统中潜在的、闲置的灵活性资源转化为可在市场中交易的高价值产品，重塑能源价值链。

（1）实现资源高效聚合

利用物联网、大数据和边缘计算技术，将原本不可观、不可测、不可控的分布式光伏、用户侧储能、电动汽车充电桩、楼宇空调等海量“碎片化”资源，进行精准感知和高效聚合，形成规模化的“虚拟电厂”或“负荷聚合体”，使其具备参与电网调度的能力。

（2）实现产品灵活赋能

聚合后的灵活性资源，可以作为一种可调节容量、速率、响应时间的标准化商品，在电力市场中参与调峰、调频、备用等辅助服务交易，或通过峰谷价差套利，为资源所有者创造直接经济收益，实现“沉睡资源”的唤醒与增值。

（3）实现价值多元释放

除了直接的市场收益外，灵活性资源的价值还体现在延缓电网投资（通过需求侧管理降低峰值负荷，减少输配电设施升级需求）、提升供电可靠性（通过孤岛运行、快速恢复等功能）、促进新能源消纳等多个维度，其价值是系统性、多元化的。

第二节　源网荷储一体化关键技术

源网荷储一体化的实现，依赖于一套贯穿“源、网、荷、储”全环节并实现智能协同的技术体系。该体系以信息物理融合系统为基础，通过先进的信息通信、传感控制和计算技术，构建具备全景感知、智能决策、精准控制能力的智慧能源系统，其核心架构遵循“集中协调、分布平衡、多级联动”的原则。以下将从5个关键维度系统阐述支撑一体化发展的核心技术。

一、源侧关键技术

源侧技术已从追求单一发电效率，转向全面提升清洁能源的并网友好性、灵活调节能力及多能互补水平。其核心在于推动高比例新能源安全可靠地替代传统化石能源。具体包括持续突破高效光伏与低风速风机、大容量海上风电等关键装备技术，提升能源转换效率。大力推进煤电灵活性改造，并推广应用虚拟同步机技术，使新能源场站具备惯量响应和一次调频等主动支撑电网的能力，从“被动适应”转向“主动支撑”。同时，在大型能源基地开展风、光、水、火、储多元化组合与联合优化运行，利用各类电源特性差异平抑总出力波动，并通过新能源电站集群的协同控制技术，实现从“单站无序并网”到“集群可控运行”的跨越，有效提升能源供应的稳定性和可靠性。

二、网侧关键技术

网侧技术致力于构建一张能够适应分布式接入、双向潮流和灵活控制的智能电网，成为能源资源优化配置的坚强平台。其发展重点是实现电网的柔性互联、全息感知与智能调控。广泛应用柔性直流输电、统一潮流控制器等柔性输电技术，实现对潮流的精准灵活控制。建设智能变电站，推广配电自动化与智能开关，提升配电网的自愈能力和对分布式资源的接纳能力。基于同步相量测量、智能传感与物联网技术，构建电网的“全息感知神经系统”，并利用大数据和人工智能技术，实现电网运行状态的实时评估、风险预警和智能决策，支撑广域范围的协同调控。同时，随着电网数字化程度加深，必须构建覆盖“云、管、端”的纵深防御体系，以保障电网信息物理系统安全。

三、荷侧关键技术

荷侧技术的核心是赋予用户参与系统调节的能力，将传统刚性负荷转变为可观、可测、可控的柔性资源，最大限度挖掘需求侧潜力。其关键在于实现负荷的精准感知、柔性控制与市场化聚合。依托科学量测体系和用户侧物联网，实现对分时、分区负荷的精细化管理，并利用大数据和人工智能算法提升短期负荷预测精度。在工业、商业和居民领域，分别发展可中断负荷、智能楼宇能源管理、智能家居及可控负荷（如智能空调）等技术，实现负荷的柔性调节。在此基础上，通过完善需求响应机制发展和规范负荷聚合商和虚拟电厂，将海量分散的柔性负荷聚合成规模化的可调度资源，使其能够有效参与电力市场交易和电网调度，实现“荷随源动”或“源荷互动”。

四、储侧关键技术

储能是解决能源时空转移问题的关键，其应用发展直接关系到源网荷储一体化的运行效能，是多能多元系统的“调节器”与“稳定基石”。技术路径呈现多元化、规模化、集成化趋势，在大力发展锂离子电池的同时，积极推动压缩空气储能、飞轮储能等功率型技术，以及液流电池、储氢等长时储能技术，并充分发挥抽水蓄能的压舱石作用。技术攻关聚焦于提升本质安全、热失控防控能力，并研发状态精确估计、寿命预测与智能运维技术，以提升经济性与可靠性。在应用层面，积极探索储能电站的系统集成优化设计和在不同场景下的优化配置方法，大力推广共享储能模式，旨在提高储能设施的利用效率和投资效益，充分发挥其在电力系统削峰填谷、调频调压等方面的关键作用。

五、协同控制与系统集成技术

协同控制技术是源网荷储一体化的“神经中枢”，负责将各环节资源整合成一个有机整体，实现全局优化运行。其核心是构建分层分布式协同控制架构，通过“区域级/省级-地市级-县级-园区/场站级”的多级体系，实现上层全局优化调度与下层局部协同快速响应的有机结合。深度应用数字孪生技术，在数字空间构建与物理电网全要素映射的虚拟系统，实现运行状态的实时仿真、策略推演和超前预警，并利用人工智能算法进行多目标协同优化调度。最终，依托云边协同的能源管理平台，实现各类异构资源的标准化接入、状态监控、聚合调度与经济运行，并通过区块链等技术保障多方交易数据的可信、透明与自动结算，从而全面提升系统运行的智能化、市场化水平与安全保障能力。

第三节　源网荷储一体化的实施路径

源网荷储一体化的实施，需遵循“统筹规划、分层分区、因地制宜、示范引领”的原则，构建从宏观到微观、从主干到末梢的协同发展路径。其核心是通过技术集成与机制创新，打通源、网、荷、储各环节壁垒，实现能源系统的整体优化与价值提升。当前，我国源网荷储一体化的实践主要围绕区域（省）级、市（县）级和园区（居民区）级三个层级展开，不同层级的实施路径各有侧重。

（1）区域（省）级源网荷储一体化

引入电源侧、负荷侧、独立电储能等市场主体，全面开放市场化交易，通过价格信号引导各类市场主体灵活调节，培育用户负荷管理能力，提高用户侧调峰积极性。加强全网统一调度，研究建立源网荷储灵活高效互动的电力运行与市场体系，充分发挥区域电网的调节作用，建立健全电源、电力用户、储能、虚拟电厂参与市场机制。

（2）市（县）级源网荷储一体化

在重点城市开展源网荷储一体化坚强局部电网建设，梳理城市重要负荷，研究局部电网结构加强方案，提出保障电源以及自备应急电源配置方案。结合清洁取暖和清洁能源消纳工作开展市（县）级源网荷储一体化示范，建立热电联产机组、新能源电站、灵活运行电热负荷一体化运营方案。

（3）园区（居民区）级源网荷储一体化

运用现代信息通信、大数据、人工智能等技术手段和“互联网+”新模式，调动负荷侧调节响应能力。在城市商业区、综合体、居民区，依托光伏发电、并网型微电网和充电基础设施等，开展分布式发电与电动汽车（用户储能）灵活充放电相结合的园区（居民区）级源网荷储一体化建设。在工业负荷大、新能源条件好的地区，支持分布式电源开发建设和就近接入消纳，结合增量配电网等工作，开展源网荷储一体化绿色供电园区建设。

第四节　未来发展展望

我国《关于推进电力源网荷储一体化和多能互补发展的指导意见》

明确指出，源网荷储一体化是电力行业坚持系统观念的内在要求，是实现电力系统高质量发展的客观需要，也是提升可再生能源消纳水平和非化石能源消费比例的必然选择，对推动能源转型和经济社会发展具有重要意义。该模式通过集成化管理和优化调度，强调能源生产、传输、使用和储存之间的协同作用，旨在提升系统的灵活性、可靠性和经济性，为能源系统的高效运行与可持续发展提供有效路径。

然而，在实践过程中，源网荷储一体化仍面临多方面的挑战，主要体现在以下 4 个层面。

（1）技术与标准协同不足

当前，源、网、荷、储各环节的技术标准还不完善，导致系统互联互通存在问题，形成“信息孤岛”，影响了系统资源的优化配置和运行效率。同时，大规模新能源资源的接入使得电力系统“双高”（高比例新能源、高比例电力电子设备）特征愈发显著，对电网的稳定运行、电能质量以及网络安全防护提出了前所未有的挑战。此外，实现全系统协同控制的先进算法与核心技术仍有待突破。

（2）市场与商业模式不明

源网荷储一体化项目的健康发展离不开可持续的商业模式。目前，灵活调节资源的市场价值尚未在现有的电价体系和辅助服务市场中得到充分体现，投资回报机制不清晰，影响了社会资本的投入意愿。负荷侧、储能等主体参与市场交易的准入机制、结算方式等仍需完善，未能充分激发多元化市场主体互动积极性。

（3）政策与监管体系不细

源网荷储一体化作为新兴业态，其发展需要强有力的政策引导和清晰的规划。当前，在项目审批、过网费核定、责任划分等方面还缺乏细化的配套政策。例如，“隔墙售电”“绿电直供”等交易模式仍面临实际操作层面细化方案缺乏。同时，对虚拟电厂、负荷聚合商等新业态的监管框架也需与时俱进，以保障市场公平和系统安全。

（4）规划与运营管理复杂

传统电力系统“自上而下”的规划运营模式难以适应一体化“分布平衡、协同互动”的新特征。如何在规划阶段实现源、网、荷、储的统筹布局，以及在运行阶段实现全环节、多时间尺度的协同运行，对现有的技术手段、管理流程和人才队伍都构成了严峻考验。

随着全球能源结构转型加速和技术不断进步，源网荷储一体化迎来重要发展机遇。未来将在以下方面发挥更大作用。

（1）技术创新驱动系统升级

风电、光伏等可再生能源效率持续提升，成本逐步下降，为一体化提供坚实基础；智能传感、数字孪生等技术的深度融合，推动系统实现全景感知与智能决策；储能技术在长时储能和安全应用方面的突破将显著增强系统长时间尺度的灵活调节能力。

（2）市场机制优化资源配置

电力市场开放与竞争加剧需要进一步建立健全市场化交易机制，通过完善中长期交易市场、现货市场、辅助服务市场等规则，激发多元主体参与积极性，推动能源资源在更大范围内的优化配置。

（3）政策支持引导有序发展

国家层面持续加强顶层设计，出台配套政策与行业标准，为技术路线、市场规则、安全管理提供明确指引，营造稳定、可预期的发展环境，引导一体化项目规范建设和高效运营。

（4）国际合作拓展发展空间

各国在能源领域的交流与合作日益紧密，通过技术共享、项目共建和市场互通，共同推进源网荷储一体化在全球范围内的实践与创新，为我国技术、装备和服务“走出去”创造更多机遇。

此外，源网荷储一体化是构建绿色低碳、高效安全能源体系的关键路径。面对新能源渗透率不断提升、“双高”特征日益突出的系统形势，源网荷储一体化模式能够通过供需协同与多能互补，提升电网稳定性与新能源消纳能力，为能源清洁转型提供有力支撑。

综上所述，源网荷储一体化前景广阔，通过技术、市场、政策与国际合作的多方协同，将有力推动电力能源系统向智能化、高效化、低碳化方向转型，为构建新型电力系统和实现“双碳”目标贡献重要力量。

第二章

电力源网荷储一体化典型案例

案例一　江苏电力源网荷储协调控制工程实践

一、案例简介

近年来，随着江苏电网用电负荷、新能源占比持续增长，加之区外来电占比较大且存在故障双极闭锁的可能，现有调节手段已无法满足电力系统灵活性增长需求，亟需挖掘处于沉睡状态的海量分布式资源，主要面临可调能力评估难、就地同步响应难、多能优化运行难、多级实时互动难“四个难题”：

① 多级实时互动难，上级电网实时调节需求无法精准匹配末端分散资源，调控目标难以高效协同；

② 多能优化运行难，资源主体多样、调节特性不同，多能流计算复杂度高，经济运行优化难度大；

③ 就地同步响应难，资源数量多、分布广，通信环节多、可靠性低，集群响应速度不一致；

④ 可调能力评估难，资源预测复杂度高，受网架与方式限制，聚合调节能力评估难度大。

提升调节能力的“四个难题”如图 1 所示。

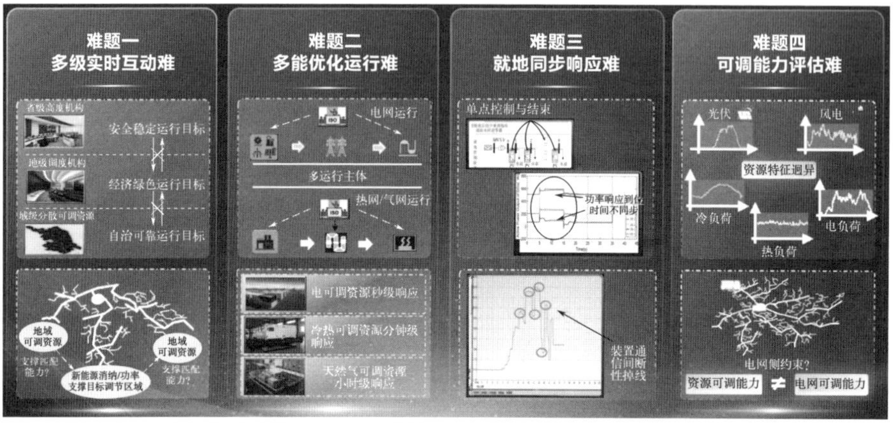

图 1　提升调节能力的“四个难题”

国网江苏省电力有限公司（以下简称“江苏公司”）针对现有调节手段不足的问题现状，重点突破“四个难题”，整合多时间尺度可调资源，提升协调控制能力，开展源网荷储一体化探索实践，助推新型电力系统构建，打造绿色、安全、经济的综合最优能源体系。

二、主要工作和关键创新

（一）技术实践

江苏公司立足源网荷储现状，围绕精准控制、协同互动、柔性调节三条主线持续发力。

1. 精准控制方面

建设江苏源网荷友好互动系统，通过直流调制、抽蓄切泵、快速切负荷指令，实现应急状态下负荷快速、精准、刚性、独立控制，保障重要用户正常供电，降低用户停电感知度。

通过将分散的海量可中断负荷集中起来进行精准实时控制，从调控电源转变为调控负荷，实现电网与电源、负荷友好互动，保障电力供需平衡。2016 年 6 月 15 日，国内首套“大规模源网荷友好互动系统”在江苏建成投运，一期工程实现了 376 万千瓦的秒级、100 万千瓦毫秒级精准负荷控制能力；2017 年 12 月，二期工程建成投运，毫秒级精准负荷控制能力增加至 200 万千瓦；2018 年 5 月，三期工程建成投运，毫秒级精准负荷控制能力增加至 260 万千瓦。大规模源网荷友好互动系统控制结构见图 2。

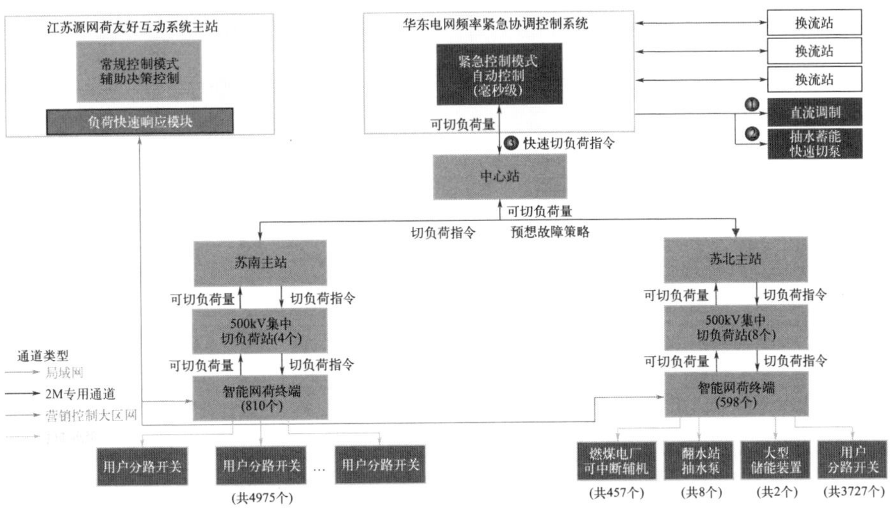

图 2　大规模源网荷友好互动系统控制结构

2. 协同互动方面

以镇江电网侧新型储能运行实践为起点，开展六大场景探索，实施国内最大规模省级电网新型储能调用。

因常规电源、电网工程建设周期在 1 年以上，而电化学储能建设周期短、布点灵活，为缓解 3 台 33 万到龄火电机组关停造成的镇江东部地区供电缺口，在大规模源网荷友好互动系统控制基础上，江苏公司在镇江地区建设部署了 8 座电网侧新型储能电站，推动源网荷友好互动向源网荷储协同互动转变。镇江储能电站采用磷酸铁锂电池，具有安全可靠性强、能量密度高、充放电速率快、使用寿命长的优势。通过预制舱式安装调试，历时 73 天，于 2018 年 7 月 18 日项目整体建成投运。正常情况下，储能电站通过参与系统调峰、调频、调压、新能源跟随等方式与电网互动；故障情况下，采用紧急控制方式为电网提供支撑。

镇江电网侧储能电站调控界面如图 3 所示。

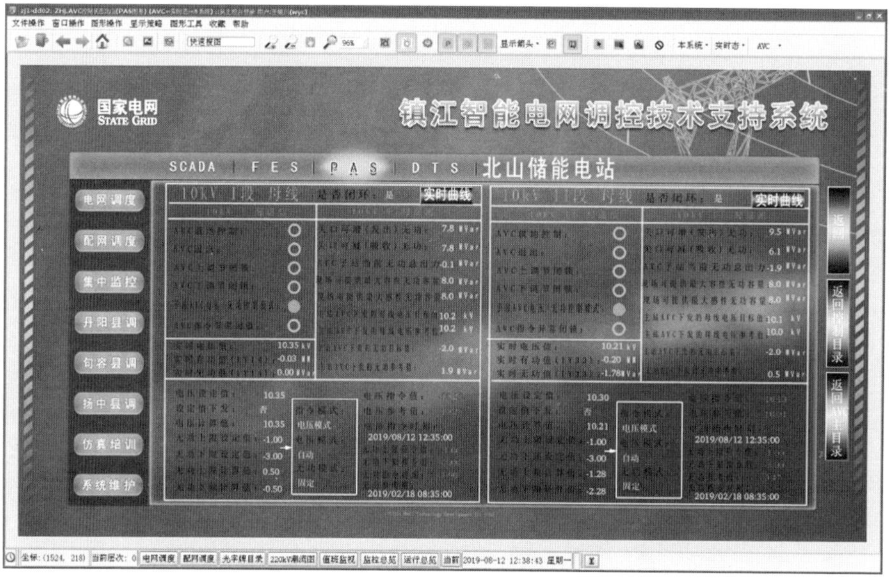

图 3　镇江电网侧储能电站调控界面

3. 柔性调节方面

建设同里区域综合能源协调控制系统，控制对象涵盖源、网、荷、储各环节，实现以电为主的调节模式向冷热电多要素综合调节模式转变，适应能源转型发展。

在分布式新能源、电动汽车充电等新型源荷快速发展的新形势下，江苏公司将大电网源网荷储协调控制技术向配电网延伸，推动区域级源网荷储、冷热电气资源参与电网调节，分 3 个批次在全省 13 个地市开展区域综合能源协调控制技术的示范应用。2018～2019 年，在苏州同里建设区域综合能源协调控制示范区，实现区域内源网荷储资源协同控制，并完成主动孤网、应急支撑、需求响应等功能验证。2019～2020年，以苏州同里为示范，在南京江北、扬州广陵、镇江扬中、连云港连岛等地进行试点推广，并实现对分布式光伏、光储充交直混联微电网、中低压柔性互联配电网、地源热泵、智能楼宇、变电站辅控、电动汽车充电塔、通信基站储能等资源柔性协调控制。2020～2022年，充分借鉴吸取5个地市的试点经验，在无锡太湖新城、徐州鼓楼区、常州高铁新城、泰州医药城、南通中创区、盐城大丰区、淮安南部区域、宿迁开发区等地进行全面推广，进一步拓展各地区海量分布式资源参与电网调节，并实现对各类资源进行多时间尺度（秒级、分钟级、小时级）柔性调控。

（二）政策实践

江苏公司全力推动政府出台鼓励源荷储参与电网调节政策，具体政策如下所述。

1. 源侧政策实践

2018年11月，发布《江苏电力辅助服务（调峰）市场交易规则（试行）》（苏监能市场〔2018〕115号），2019年1月启动试运行。

① 深度调峰交易：市场建设初期，市场参与主体为燃煤机组、核电机组。调峰能力50%的燃煤机组必须参与调峰市场报价，其他燃煤机组自愿参与，但电网运行需要时，按规则强制参与。采用日前报价、日前预出清、日内按序调用的方式开展。

② 启停调峰交易：市场建设初期，市场参与主体为燃煤机组和储能电站。后期，确定燃气机组无偿启停调峰基准、风电光伏电站启停调峰测算方式后，上述机组可参与启停调峰市场。采用日前报价、日前出清、日前调用的方式开展。

2018年11月，发布《江苏电力辅助服务（调峰）市场启停交易补充规则》（苏能监市场〔2019〕97号），2019年10月1日正式运行。

① 深度调峰市场：40%以下负荷段最高限价调高至1000元/(MW·h)；参与辅助服务补偿费用分摊但不提供调峰和调频辅助服务

的发电企业，调整为按平均运行容量 2 倍分摊辅助服务补偿费用。

② 启停调峰市场：燃气机组最高限价为 600 元/MW，燃煤机组最高限价为 3000 元/MW。

2020 年 6 月，发布《江苏电力辅助服务（调频）市场交易规则（试行）》（苏监能市场〔2020〕84 号），2020 年 7 月启动试运行。

① 采用按周组织报价、日前预出清、日内调用方式；

② 发电企业以机组为申报单元（燃气机组以整套为单元，点对网电源以整体为单元），储能电站以及综合能源服务商根据接入电网情况确定申报单元；

③ 补偿费用按日统计、按月结算，分为基本补偿和调用补偿两类。

2. 荷侧政策实践

2018 年 5 月，发布《源网荷友好互动合作协议》，按照负荷中断持续时间予以补偿。因电网应急处置需要启动源网荷系统，采取不提前通知的方式，通过源网荷系统远程自动跳开乙方在本协议中确定的分路开关并短时中断该分路开关下所有负荷的供电，每次中断持续时间不超过 1h。0～10min（包括 10min）为 20 元/kW；10～30min（包括 30min）为 50 元/kW；30～60min（包括 60min）为 100 元/kW。

2020 年 11 月，发布《江苏电力市场用户可调负荷参与辅助服务市场交易规则（试行）》（苏监能市场〔2020〕110 号），建立用户参与的辅助服务分担共享机制。中长期可调负荷辅助服务市场以月为交易周期，短期可调负荷辅助服务市场于日前根据电网需要组织开展。辅助服务市场费用实行月结月清。电力市场用户可调负荷参与辅助服务市场，补偿费用由所有市场化用户按照当月实际用电量占比分摊。

2024 年 5 月，发布《省发展改革委关于进一步完善分时电价政策有关事项的通知》（苏发改价格发〔2024〕574 号），优化工业用电夏、冬两季尖峰电价，试行工业用电重大节日深谷电价。

① 优化工业用电季节性尖峰电价。优化 315kVA 及以上工业用电夏、冬两季尖峰电价政策，取消冬季早尖峰时段（将每天 4h 下调为 2h），调整夏季晚尖峰时段（将每天 2h 调整为 3h）。

② 降低重大节日深谷电价。每年春节、劳动节、国庆节期间，

11：00-15：00，由平段电价下调为谷段电价，并以谷段电价为基础，下浮 20%。

3. 储侧政策实践

2023 年 7 月，发布《关于加快推动我省新型储能项目高质量发展的若干措施》（苏发改能源发〔2023〕775 号）。

① 优化调用结算方式。迎峰度夏（冬）期间（1 月、7～8 月、12 月），独立新型储能项目按照电网调度指令安排调用充放电，全容量充放电调用次数不低于 160 次或放电时长不低于 320h，不结算充电费用，放电上网电量价格为 0.391 元/(kW·h)；在非迎峰度夏（冬）期间（2～6 月、9～11 月），放电电量上网价格为 0.391 元/(kW·h)，充电电量按我省燃煤发电基准价的 60%进行结算。

② 鼓励项目加快建设。与电力调度机构签订并网调度协议的独立新型储能项目，在 2023 年至 2026 年 1 月的迎峰度夏（冬）期间（1 月、7～8 月、12 月），依据其放电上网电量给予顶峰费用支持，顶峰费用逐年退坡，即 2023 年至 2024 年 0.5 元/(kW·h)，2025 年至 2026 年 1 月 0.3 元/(kW·h)。

2024 年 2 月，发布《省发展改革委关于进一步加快电网侧新型储能项目并网顶峰工作的通知》（苏发改能源发〔2024〕226 号）。为满足 2024 年迎峰度夏期间电力保供需要，需要加快建设一批电网侧新型储能项目应急顶峰。经多次协调和反复梳理，全省有 41 个已纳入规划的电网侧新型储能项目自愿承诺确保在 2024 年 7 月 15 日前建成并网，项目容量共计约 400 万千瓦。

三、实施成效

江苏公司通过充分挖掘源网荷储各侧调节能力，有力保障了用电负荷常态破亿情况下的电网安全稳定运行。

① 电源侧：通过提升常规燃煤机组的调峰能力，并积极拓展风电、光伏等新能源的可调节空间，增强了电网对波动性电源的消纳能力。

② 储能侧：充分挖掘了抽水蓄能及电化学储能、压缩空气等新型储能的调节潜力，为系统提供了灵活的调节手段。

③ 负荷侧：创新性地聚合了各类可中断、可调节负荷资源，大幅提升了需求响应能力，并成功推动相关政策出台，激励用户主动参与电网互动。

四、推广价值

江苏公司在源网荷储互动方面积累了丰富的经验，形成了“电为媒介、网为平台、多能互补、交直互济、自由接入、区域协控”的源网荷储一体化建设理念。通过上述多环节的协同优化，有效提升了电网的整体运行效率与安全性，其成功的实践经验与关键技术对行业具有重要的示范和推广价值。

① 电为媒介：以电作为能源系统的交互界面和耦合节点，将冷热电气氢等物理形态的能源系统集中以电为度量衡，打通不同形式能源管理壁垒，为“双碳”目标实现提供最佳计量工具。

② 网为平台：围绕电力供给产业链，搭建源网荷储多端汇集的能量流和数字流的电网统一平台，依托电网一次网架，构建海量数据处理和智能辅助决策的源网荷储一体化架构，为新能源高效利用提供最优生态环境。

③ 多能互补：促进冷热电气氢综合利用，在时间维度上基于客户供需时序特性实现协调互补，在空间维度上根据地区资源禀赋实现能源优化组合，为综合平衡冷热电气氢多种能源利用效率提供最佳实践方案。

④ 交直互济：以减少电力损耗为目标选择最优电力供给方式，“宜交则交、宜直则直”，实现交直流资源灵活组网，发挥电网更大时空范围的区域互联和功率均衡能力，为电力供给提供最好利用方案。

⑤ 自由接入：以开放包容心态统一系统接口标准，构建互联网形态的源网荷储资源接入生态，促进源网荷储信息自由交互和能源设施高效利用，为能源供应商发展提供最大生存空间。

⑥ 区域协控：以“大电网互联、微电网自治”和“调为优先、控为保障”的区域电网运营理念，深度聚合海量分散灵活资源，挖掘多时间尺度可调可控能力，推动区域内部自治平衡、区域之间协同互补，为新型电力系统提供最优调控技术。

案例二　安徽合肥虚拟电厂协调控制工程实践

一、案例简介

随着国家“双碳”目标的提出以及新型电力系统建设不断推进，结合合肥市打造“光伏应用第一城”及“新能源汽车之都”的目标，分布式光伏及电动汽车充换电资源呈现出点多、面广、数量大、种类多的特点，但与电网交互能力尚未成熟，主要面临三大难题：

① 分布式新能源的接入运行造成电网潮流改变、线路阻塞、电压闪变等许多技术难题，大电网频率电压调节和抵御暂态故障能力降低，局部地区全额消纳困难；

② 数量庞大的电动汽车随机充电，易对电网结构产生巨大压力，造成负荷“峰上加峰”等影响；

③ 面向分布式的用户侧调控响应，其安全性、可靠性难以保证，造成源网荷储调控难以在分布式用户侧执行。

国网安徽省电力有限公司合肥供电公司（以下简称合肥公司）聚焦技术型虚拟电厂建设，贴合省地两级协同调度管理模式，打造地市级虚拟电厂集中控制平台，并与省调和地调系统实现数据交互共享，通过多层分级、协同自治的架构和机制，利用云边计算技术，实现多元协调控制和集中监测，实现等同于实体电厂的调压、调频、调峰及备用功能，通过源网荷储协同调度支撑电网保供工作及新能源消纳（图 1）。

合肥虚拟电厂共接入分布式资源 1205.3MW，其中包括 228.22MW 光伏电站，227.4MW 的储能电站以及 749.68MW 可调节负荷。分布式资源建设规模相关参数如表 1 所列。

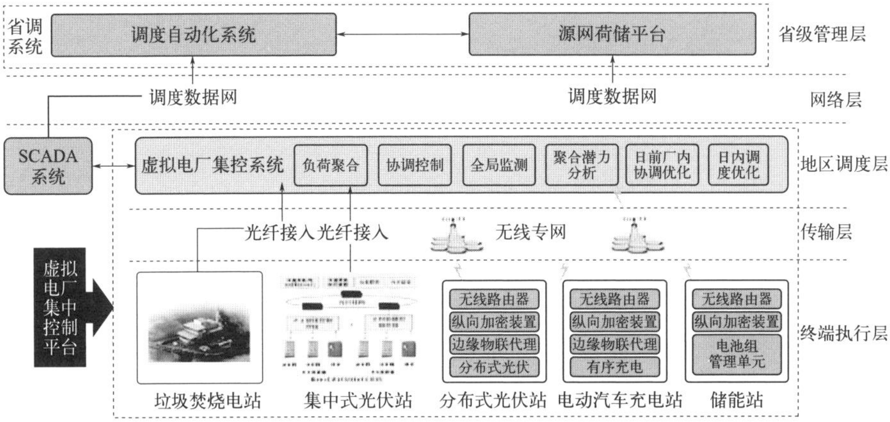

(a)

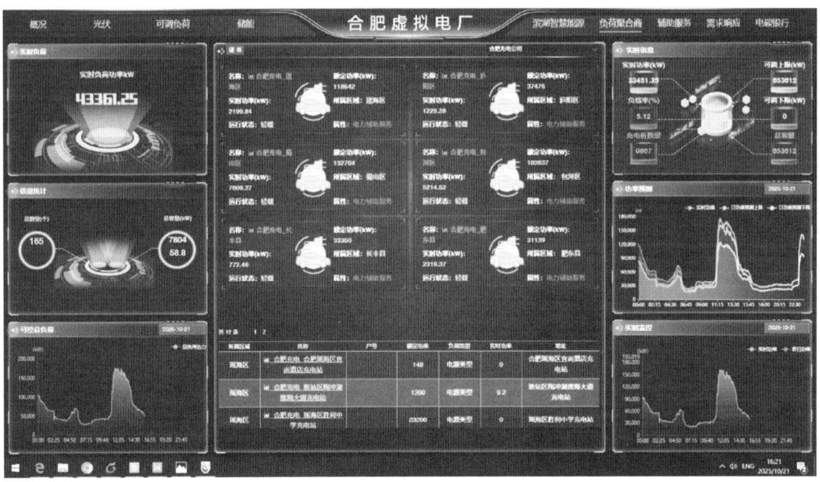

(b)

图 1 合肥虚拟电厂系统图

表 1 分布式资源建设规模相关参数

电源			负荷		储能	
光伏装机容量/kW	风电装机容量/kW	其他电源装机容量/kW	交流负荷/kW	直流负荷/kW	电化学储能/[kW/(kW·h)]	其他储能/[kW/(kW·h)]
228220	0	0	749680	0	227400/682200	0

二、主要工作和关键创新

通过光伏电站、充电站、储能站等分布式资源的数字化孪生，实现虚拟电厂的源、网、荷、储多环节实时状态监测、分析与调节，提高合肥电网调度的调节能力，提升源网荷储资源参与调节的积极性。

合肥虚拟电厂结合不同资源特性构建调压、调频、调峰三大类虚拟机组：

① 通过光伏电站构建调压虚拟机组。利用光伏电站逆变器及 SVG 设备的电压快速跟踪响应特性，通过控制终端边缘计算模块，实现基于稳定电压目标的动态到稳态全过程电压秒级控制，提升区域电网电能质量。

② 通过储能站及电动汽车换电站构建调频虚拟机组。利用储能站及换电站的特性，可快速响应调度侧的调频指令，实现调频功能，具备电网暂态故障情况下的故障协同处置能力。

③ 通过充储资源柔性负荷构建调峰虚拟机组，已接入总功率 721.6MW 电动汽车充换电设施和 8.3MW 商业楼宇可控负荷。利用电动汽车充电站的负荷可调节特性，通过调整不同时段电动汽车的充电负荷，实现“削峰填谷”。

国内首创“5G+量子加密”虚拟电厂安全实时调度新模式（图 2)。聚焦业务数据可靠、调控指令安全以及多级协同调度技术，扩展虚拟电厂“5G+量子加密”交互方式。通过 5G 无线接入网预留专用控制频段，5G 传输承载网划分专用 FlexE 时隙，5G 核心网 UPF 下沉至合肥公司调度自动化主站机房，建立 5G 无线硬切片交互通道。通过 5G 量子纵向加密认证网关，采用量子密钥无线分发平台在线实时更新的量子会话密钥，与量子纵向加密认证装置之间建立安全加密隧道，采用电力调度专用加密算法，保证业务数据的安全传输。

图 3 为虚拟电厂“5G+量子加密”示意图。

构筑“安全Ⅰ区+”体系，在原有安全接入区基础上扩展了控制类接入区，通过将可调节资源终端引入高可靠性的“5G+量子加密”通

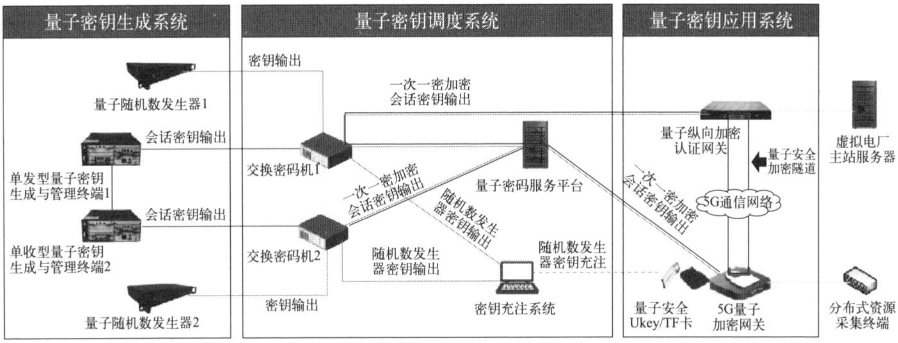

图 2　面向 5G 无线通信的量子加密示意图

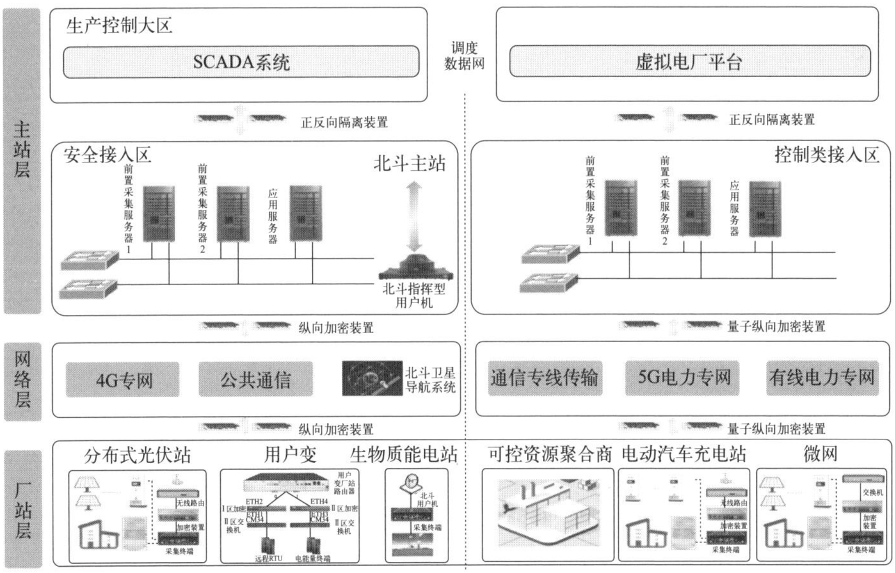

图 3　虚拟电厂“5G+量子加密”示意图

道，部署独立于无线公网采集的安全控制类接入域前置服务器，与虚拟电厂控制类业务汇聚服务器进行安全交互，保障控制类业务的安全可靠。利用“5G+量子加密”通信技术实现对终端换电站的直接交互，在不影响换电站运营的情况下，由原来的分钟级响应缩短到 15s 内完成调节指令的全部响应，为平抑电网频率波动提供技术支持。

图 4 为控制类安全接入区示意图。

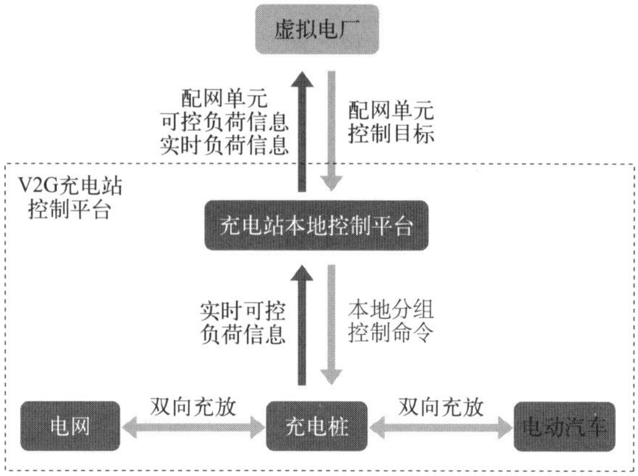

图 4　控制类安全接入区示意图

实现基于虚拟电厂的“车-桩-网”双向调度互动。V2G（车辆到电网）双向充电系统与传统电动汽车充电桩的主要区别在于电动汽车蓄电池可作为电网的分布式储能使用。虚拟电厂平台通过 V2G 充电站的聚合商应用平台读取当前可用的 V2G 充电资源，经配网单元综合调度分析，细化分解并下发控制目标。V2G 充电平台在接到指令后，对 V2G 充电桩实现独立控制，从而实现负荷“削峰”和分布式光伏就地消纳的作用。与传统充电站/桩不同，V2G 充电站/桩因可以对电网反向充电，所以其调节深度更深。在配网单元控制模块中，V2G 充电站/桩在起始控制时采用和一般充电桩/站相同的控制策略，但在后续深度控制时，启用 V2G 充电桩的双向控制能力。结合光伏大发和线路负荷早峰的时序性关系，对需要解决分布式光伏消纳问题的配网线路，甚至可以采用先进行深度放电（负荷“削峰”），再进行快速充电（1h 光伏峰值消纳）。

三、实施成效

（一）虚拟电厂实际应用场景

1. 参与华东区域可调负荷资源跨省互济支援

配合华东调控分中心开展华东区域可调负荷资源跨省互济试验，合肥虚拟电厂作为安徽省可调负荷资源参与，1min 完成可控负荷调节，实现可调负荷对电网模拟事故的跨省互济支援。

2. 引导充电负荷“削峰”“填谷”

以配网线路负载率为控制目标，结合调峰缺口及正备用不足的应用场景，虚拟电厂平台引导电动汽车开展调峰，在满足电动汽车基本充电需求的前提下，分别实现充电负荷从 1100kW 升至 1700kW 以及充电负荷降至全天最低水平 645kW，实现了对不同场景充电负荷的柔性控制。

3. 基于虚拟电厂的“车-桩-网”双向调度互动

利用虚拟电厂平台对 V2G 充电桩进行虚拟聚合分组，对滨湖智慧能源服务站实现 V2G 充电桩群实时集中控制，完成最大控制充电功率 50%，车载电池向电网反向送电 30%额定功率。实现配网线路下的负荷“削峰”和分布式光伏就地消纳应用场景。虚拟电厂的“车-桩-网”双向调度互动如图 5 所示。

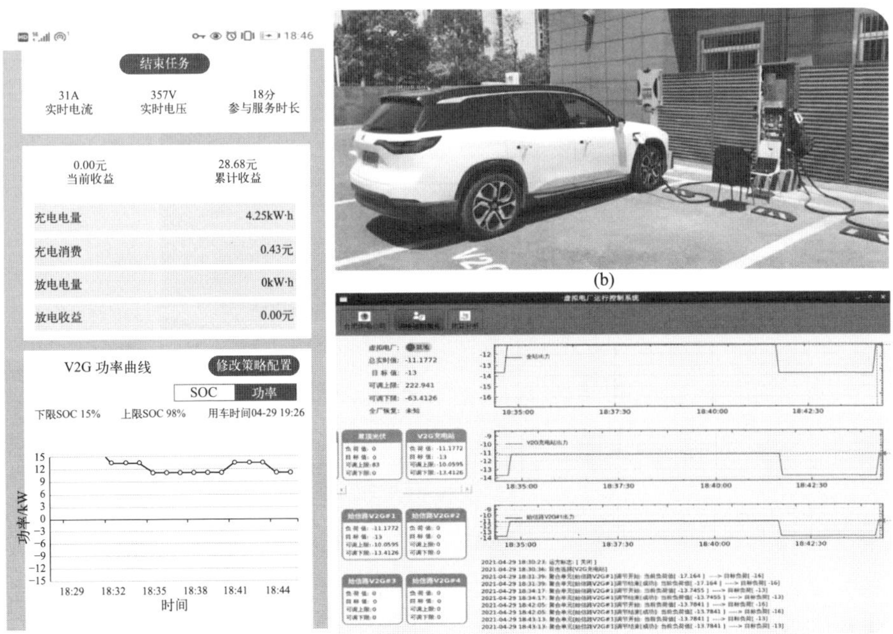

(a)　　(c)

图 5　虚拟电厂的“车-桩-网”双向调度互动

4. 参与迎峰度夏保供实战

迎峰度夏期间通过安徽省调源网荷储平台及合肥虚拟电厂的省地两级协同调度，协同蔚来汽车、特来电等电动汽车充换电站运营商、用户侧储能以及商业综合体制冷机组负荷开展实时在线调控，在不影响客户体验情况下的，常态化组织充换电站运营商、用户侧储能和商业楼宇空调负荷协同参与保供实战。保供期间，虚拟电厂平台调节超100MW的可控负荷参与保供实战。

国购广场分类负载曲线如图6～图8所示。

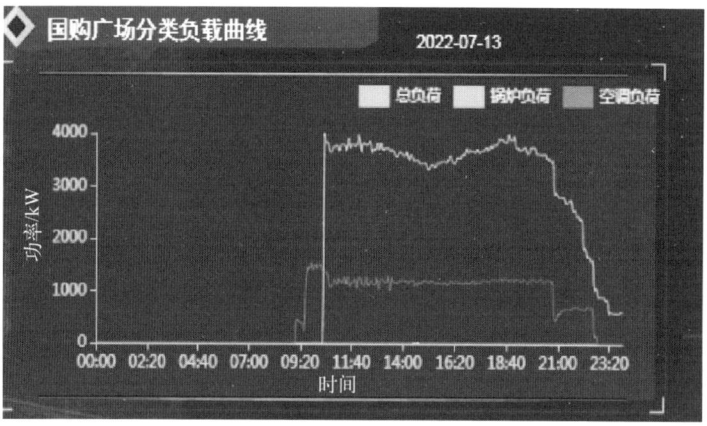

图6　迎峰度夏期间调控后国购广场负载曲线

5. “5G+量子加密”技术支撑电网调频

利用“5G+量子加密”技术应用于虚拟电厂平台与分布式资源交互，虚拟电厂向蔚来换电站直接下发132kW充电负荷柔性调节指令，换电站全量响应时间由原方式的90s缩短到15s以内，实现虚拟电厂对换电站负荷秒级柔性调节，实现电网调频需求。

综合上述应用场景，合肥虚拟电厂在能源利用、灵活调节、安全稳定等方面均取得成效。助力可再生能源100%消纳，提升能源综合利用效率；优化源网荷储调度策略，实现自治运行，调节超100MW的可控负荷参与保供实战；15s内实现负荷柔性调节，支撑电网调频；通过对

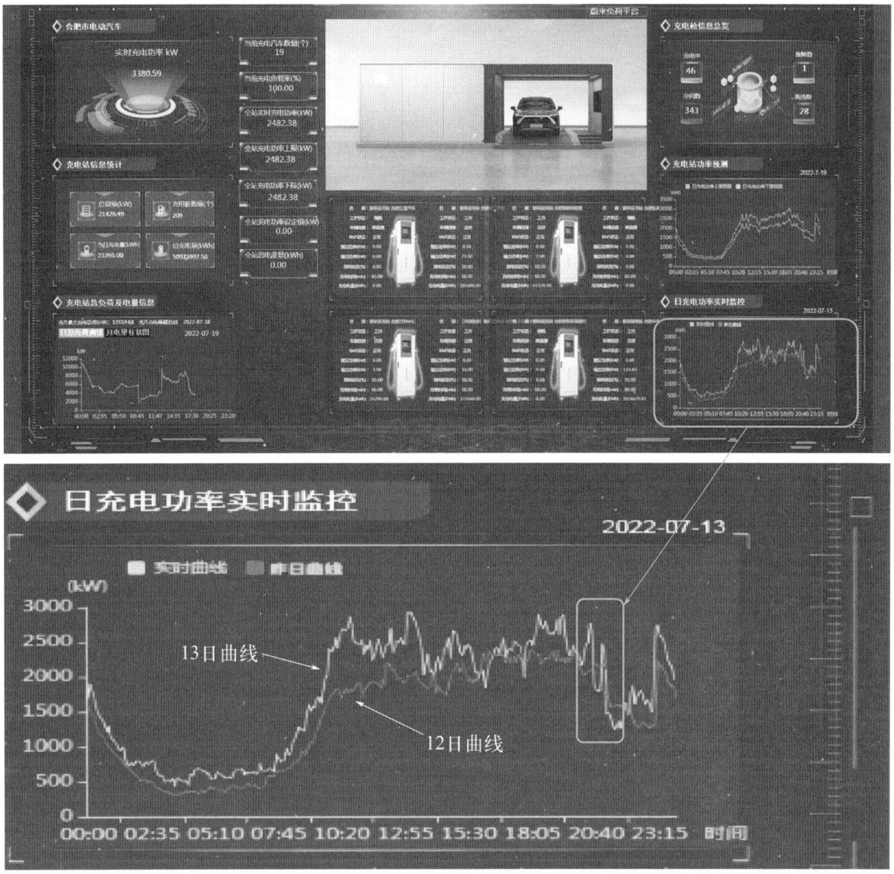

图 7　迎峰度夏期间调控后蔚来换电站负载曲线

光伏电站电压秒级控制，各电压等级全部满足电压合格率要求，提升区域供电质量。

（二）虚拟电厂运营经济效益及社会效益

通过合肥虚拟电厂优化分布式资源合理调配，促进新能源消纳，提升电网柔性调控能力。

1. 降低电网增容改造投资

合肥虚拟电厂平台纳入安徽省调源网荷储协调控制，参与需求侧响

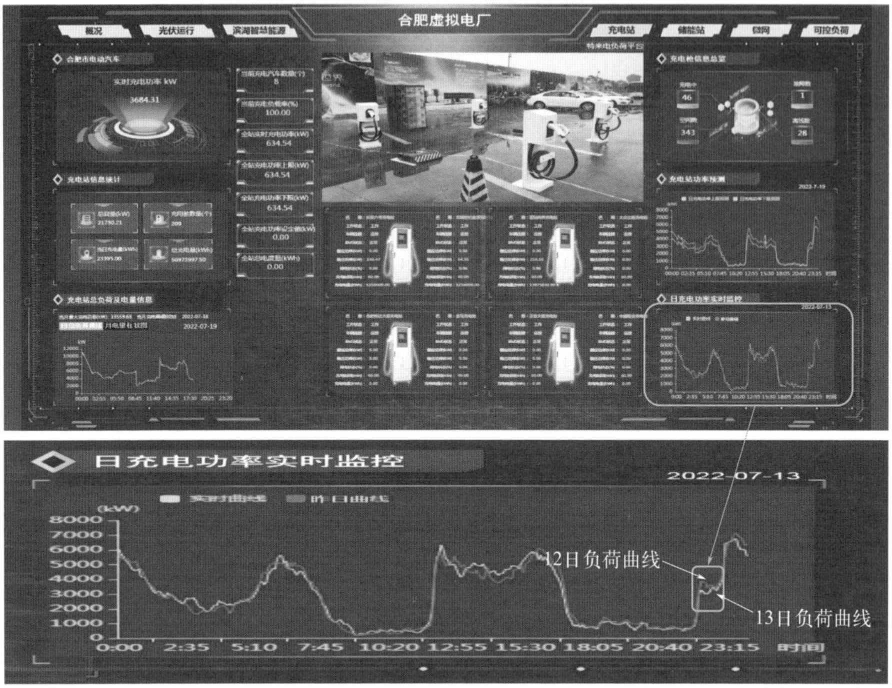

图 8　迎峰度夏期间调控后特来电充电站负载曲线

应，春秋季午调峰时段，通过储能的充电实现负荷填谷，提升新能源消纳水平，降低电网增容改造投资。合肥每年 21 亿千瓦时清洁能源发电高效优质消纳，本地清洁能源装机容量占比接近 40%。按 10kV/35kV 变电站建设单位容量投资成本 800～1000 元/kVA 来估算，午调峰最大容量为 1.33MW，相当于减少电网增容改造费用 106.4 万～133 万元。夏冬季晚调峰时段，通过储能的放电实现负荷削峰，降低调峰机组的调峰容量和投资建设成本。以传统燃煤电厂建设单位容量投资成本 3000～4000 元/kW 估算，晚调峰最大容量为 1.33MW，相当于减少发电机组建设投资 399 万～532 万元。

2. 增加市场化需求响应收益

虚拟电厂平台已接入装机容量为 153MW 的光伏电站，容量为 1.34MW・h 的储能系统，总功率为 54.3MW 的电动汽车充电站，以及 8.3MW 商业综合体可控负荷。参照安徽省能源局《关于安徽省电力需求响应实施方案的通知》中规定的需求侧响应类型和补偿标准，评估虚拟电厂平台接入资源的经济效益，预计可达 34.58 万～53.20 万元/a。

3. 助力源网荷储经济高质量发展

本实践减少负荷侧企业经济损失，助力新能源消纳，有效提高了绿电价值和社会价值；用户平均停电时间大幅下降，发挥大供企业服务社会的示范作用，提升用户的“获得电力”感；有效减少合肥地区每年二氧化碳排放量 108.70 万吨，促进能源生产清洁化、能源消费电气化、能源利用高效化，有效带动全省的碳达峰碳中和行动示范落地，为新型电力系统建设增添动力。

四、推广价值

“碳达峰、碳中和”目标促使能源加快转型。2030 年风电、太阳能发电总装机将达 12 亿千瓦以上，非化石能源消费占比达到 25%左右。为实现“双碳”目标，新能源、微电网、互动式设备将大量接入，新能源装机将迎来爆发式增长，电力系统“双高”“双峰”特征进一步凸显，电网调度运行面临新的要求和考验。电网能源转型目标也日益明确：调度模式需要由传统的“源随荷动”加快向“源网荷储互动”转变。

合肥虚拟电厂平台不仅能有效聚合呈分散态势的源网荷储资源，并通过大数据和边缘计算等技术路径，将用户侧分布式资源“聚沙成塔”后，对外呈现等同于实体电厂的辅助服务能力。在不增加电网投资的情况下，充分调动现有资源参与协同调度的管理模式，有效支撑电网保供工作，同时促进新能源消纳，对提升电网调控技术支撑水平具备较强的示范性。

案例三　镇江扬中县域电网源网荷储协调控制工程实践

一、案例简介

扬中市为江苏省辖县级市，是东部地区首批“高比例新能源示范城市”，也是全国唯一的“光伏全产业链”县市和全国新型城镇电力系统建设示范区。国网镇江供电公司和扬中市政府全力推进扬中“绿色能源岛（太阳岛）”建设、整县屋顶光伏开发示范县建设。目前扬中县域电网作为现代智慧配电网综合示范，已完成国网公司“五市十县能源互联网示范区”“无功电压及技术降损标杆管理示范区”“整县光伏先导示范区”建设，并承担国家重点研发专项“面向新型城镇能源互联网关键技术及应用”等。扬中县域电网具有“两高两早”的优势：①新能源装机渗透率高；②光伏接入并网分布率高；③新能源配套体系部署早；④新型电力系统示范早。

针对县域电网高比例、大范围的有源化，国网扬中市供电公司（以下简称扬中公司）开展基于源网荷储互动的高渗透率县域电网调控运行实践，促进分布式光伏就地消纳。

① 源网荷储示范工程建设：在县域电网各层级建设中低压柔直装置、台区储能、电网侧储能、光储充柔直微电网等示范工程，推进分布式光伏及智能楼宇等优化改造，为县域源网荷储一体化调控夯实工程基础。

② 源网荷储全景感知能力建设：从县域分布式光伏全景观测、可调资源汇聚感知等方面，为县域源网荷储一体化调控提供技术支撑。

③ 源网荷储多层级一体化协同控制：在源网荷储资源建设与全景感知的基础上，针对台区、馈线、主变、区域层面，推进多层级源网荷

储协同控制，优化控制策略、推进协同互动，因地制宜开展新能源消纳灵活控制辅助决策，保障分布式光伏高渗透率县域电网更安全、用能更绿色、运行更经济。

二、主要工作和关键创新

（一）源网荷储示范工程建设，打造智慧韧性电网

为加强绿色能源岛（太阳岛）建设，实现全岛电网安全柔性可控，扬中市开展了一系列源、网、荷、储的重点项目及示范工程建设，为源网荷储一体化与配电网安全经济运行夯实基础。

1. 电源新改造

（1）中压光伏层面

按照分层、分区、分步策略推进，加强顶层设计，优化资源配置，将中压分布式光伏接入 AGC、AVC 控制系统，有序实现光伏可调可控。AGC 控制系统应用场景为出现设备反向越限、可调手段用尽的情况下，实现分布式光伏柔性调节，保障电网安全稳定运行。AVC 控制系统应用场景为通过灵活切换定无功模式和定电压控制模式，保持新能源厂站母线电压在合格范围内，确保电网电压整体保持稳定。截至 2024 年底，增量中压光伏已全部接入 AGC 系统和 AVC 系统，并逐步对存量中压分布式光伏进行改造接入。

新能源 AGC 控制系统界面如图 1 所示。

（2）低压光伏层面

完成 23MW 工商业分布式光伏通过“直采直控”无线专网方式，接入区域综合能源协控系统，具备精准调节能力（调节精度 1kW 或 1%）。

镇江区域综合能源协控系统界面如图 2 所示。

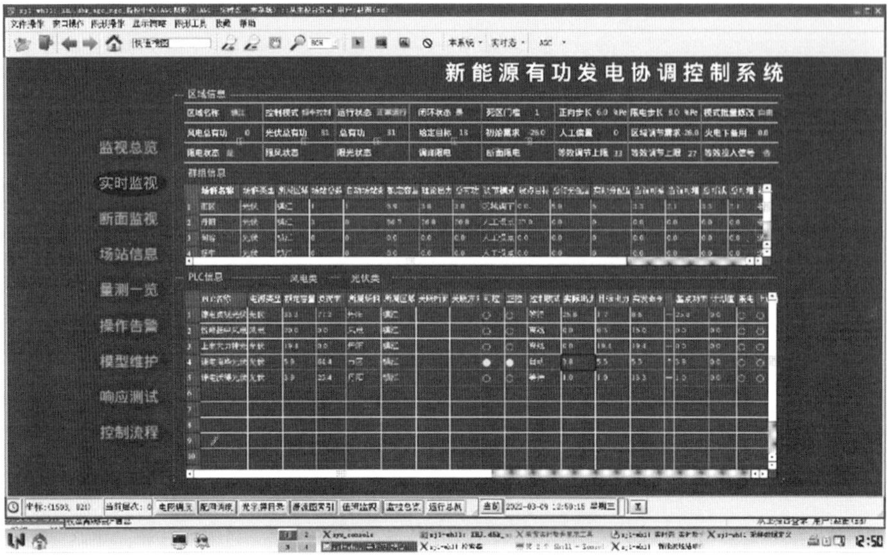

图 1　新能源 AGC 控制系统界面

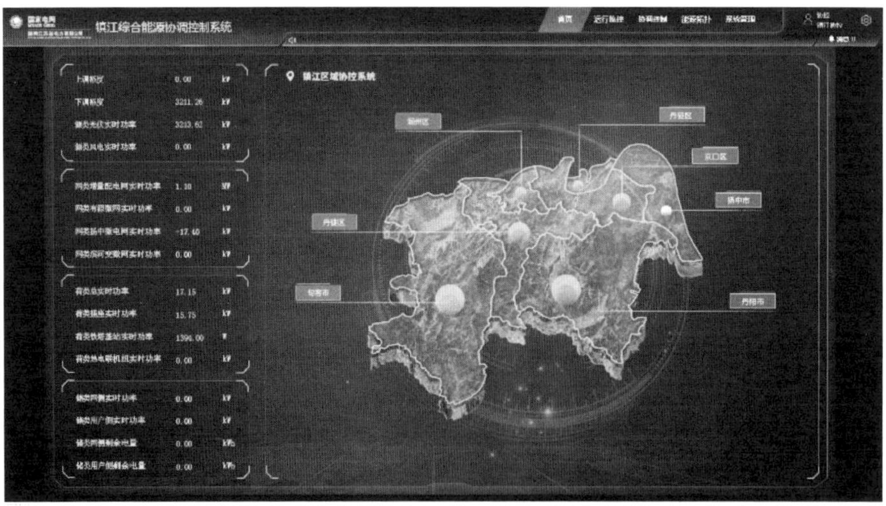

图 2　镇江区域综合能源协控系统界面

2. 电网新形态

① 电网侧开展中压柔直装置建设，位于 110kV XB 变电站内，采用背靠背电压源型 AC/DC 变流器装置，3 个端口容量分别为 3MW、1.5MW、1.5MW，分别接入 10kV 联南线末端、联春线末端与 10kV

新江线首端（其中联南线和新江线属于易发生光伏倒送的线路，联春线无倒送且负载较重），三端互联模式下使 3 条线路构成合环运行。利用电力电子装置的灵活、快速功率调节特性以及馈线负荷之间存在的时空互补特性，实现多条配网线路柔性互联，提升有源配电网的潮流控制能力。

② 台区侧开展低压柔直装置建设，分别在建新村 3＃变与客运中心公变之间，电气城 1＃变与新坝安置小区 2＃变之间部署低压柔性互联装置，总容量 450kW，实现台区间的功率互济，消除光伏潮流倒送。

中低压柔直设备建设情况如表 1 所列，中低压柔直装置建设图如图 3 所示。

表 1　中低压柔直设备建设情况

设备类型	详情	套数
柔性互联中压设备	3MW 端口	1 套
柔性互联中压设备	1.5MW 端口	2 套
柔性互联低压设备	250kVA，户外柜	1 套
柔性互联低压设备	200kVA，户外柜	1 套

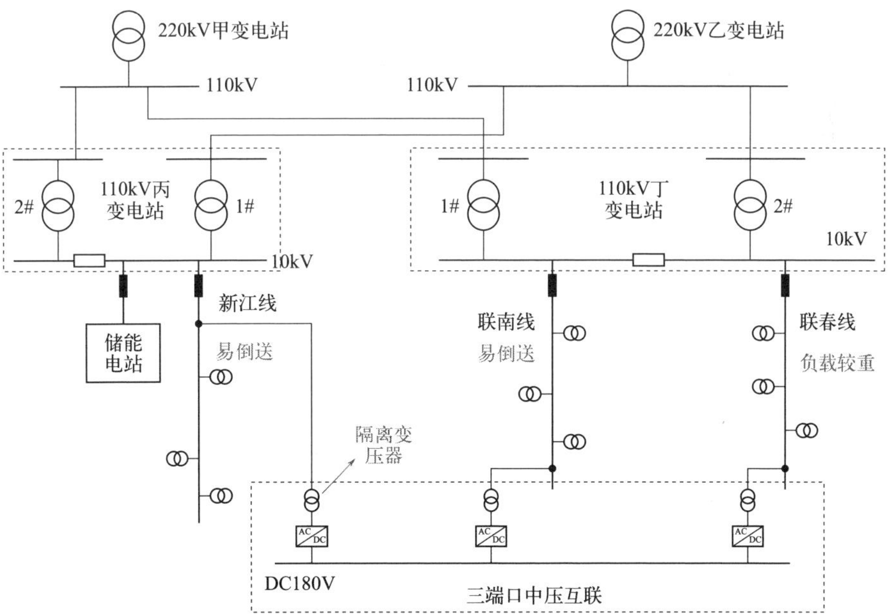

(a)

图 3

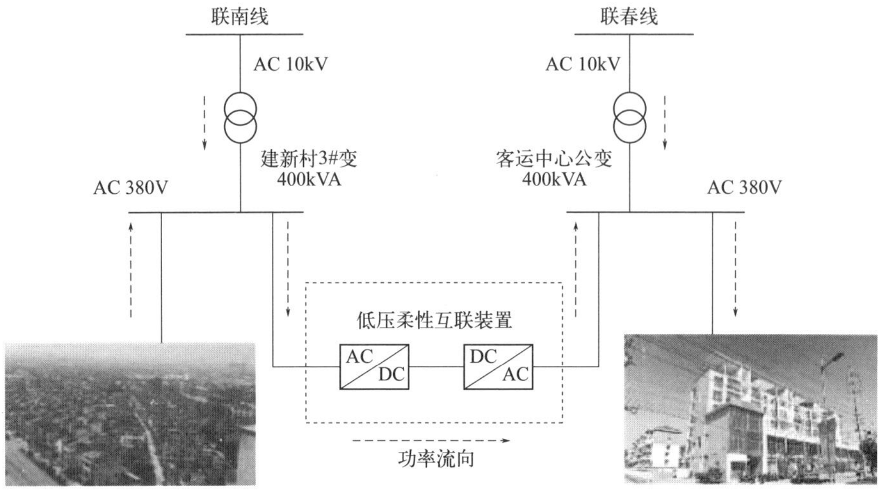

(b)

图 3　中压柔直装置建设

3. 负荷新应用

① 在原新坝充电站位置扩建“光储充直柔”微电网，通过低压柔性互联装置连接电气城 1# 变与安置小区 2# 变低压母线，互联装置两段直流母线分别带各自台区的直流源荷，通过直流断路器实现分段运行与互联运行两种模式的切换，交流并网点根据台区功率因数动态调节无功出力，提升运行能效。

负荷新应用接线图如图 4 所示。

② 开展智能空调插座、渔业泵站、通信铁塔基站、零碳建筑等柔性负荷改造升级，拓展负荷侧可调资源规模和容量，推动多元网荷友好互动。

4. 储能新设备

① 电网侧建设 2 座 10kV 储能电站，总容量为 18MW/(36MW·h)，分别为 XB 储能站［10MW/20(MW·h)］、CW 储能站［8MW/(16MW·h)］，均为专线并网，有效实现对负荷的削峰填谷，缓解用电高峰电网供电压力。

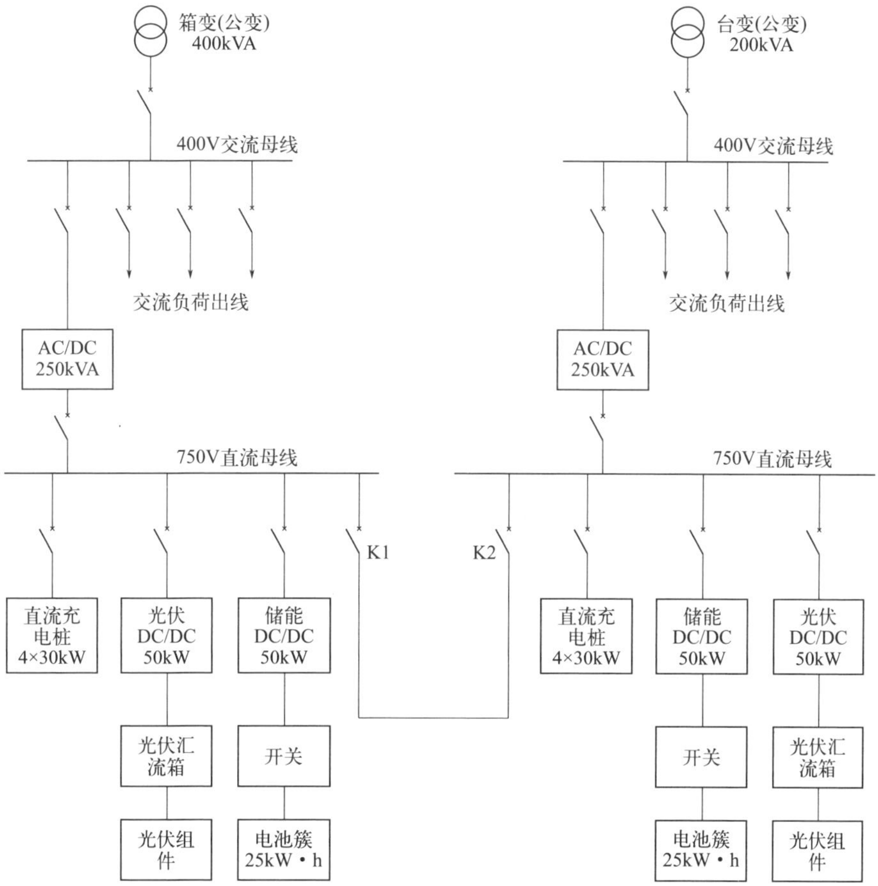

图 4　负荷新应用接线图

② 台区侧建设 5 座低压台区储能，总容量 250kW/(223.6kW・h)，分别为头墩子村南 3 组变 [50kW/(55.3kW・h)]、头墩子村西 3 组变 [50kW/(58.3kW・h)]、客运中心公变 [50kW/(60kW・h)]、新坝安置小区 2＃变 [50kW/(25kW・h)]、电气城 1＃变 [50kW/(25kW・h)]，通过台区储能充放电控制，实现台区自治运行、统一调度。

（二）源网荷储资源全景感知，夯实一体化调控基础

为推进县域源网荷储一体化调控，从电源、可调资源、负荷三个维度开展实践，加强多层级全景感知，为一体化调控奠定基础，储能新设备介绍见表 2。

表 2 储能新设备简介

储能安装位置	设备详情
电网侧	XB 储能电站，10MW/(20MW·h)
	CW 储能电站，8MW/(16MW·h)
台区侧	50kW/(55.3kW·h) 磷酸铁锂电池，1 套
	50kW/(58.3kW·h) 固态电池，1 套
	50kW/(60kW·h) 磷酸铁锂电池，1 套
	50kW/(25kW·h) 钛酸锂电池，2 套

1. 分布式光伏汇聚感知

依托营配调数据贯通及分布式光伏全景观测，结合配电网实时拓扑与关联关系，构建分布式光伏“台区-馈线-主变-区域”多层级感知体系（图 5），全面清晰掌握网络拓扑下数量众多、位置分散的分布式光伏出力情况。

2. 可调资源分类汇聚与潜力评估

建立可调资源的标准化聚合模型，从县域-变电站-馈线-配变-用户多层级、源-荷-储-充多类型、响应等级-成本-重要程度多因素，实时计算不同聚合模型的可调潜力信息，实现对各类可调资源汇聚感知和运行特性的有效分析与评估。

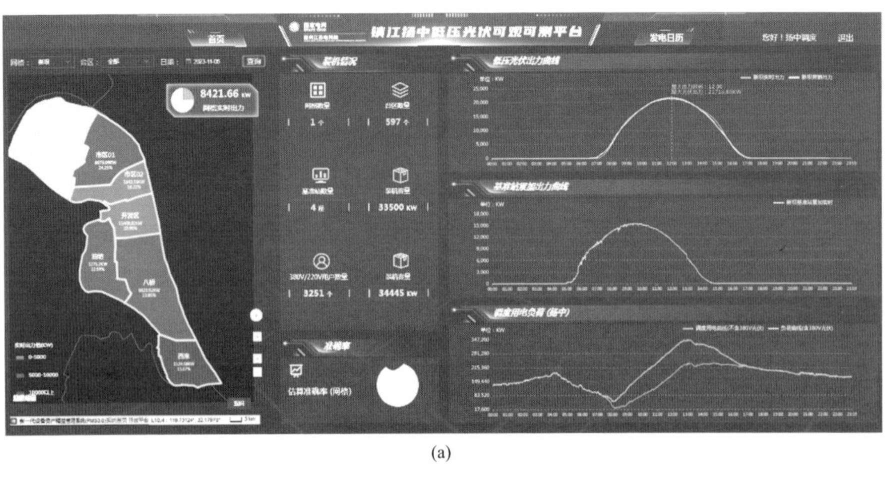

(a)

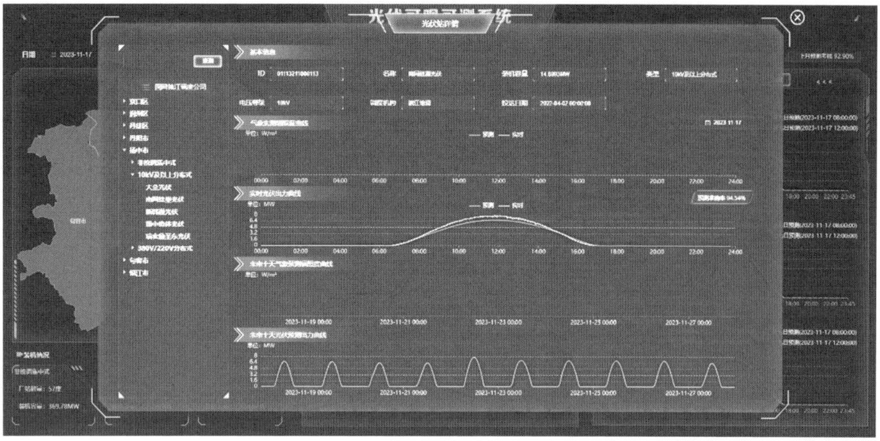

(b)

图 5　分布式光伏“台区-馈线-主变-区域”多层级感知体系

截至 2024 年底，接入协控系统的源、网、荷、储等可调资源共计 45 个，其中电网侧可调资源有：中压储能 2 座、容量 18MW/(36MW・h)，中压柔性互联装置 1 套、容量 3MW，低压柔性互联装置 2 套、容量 400kW，台区储能 5 台、容量 250kW/(223.6kW・h)；用户侧可调资源有：源类资源 22 个、容量 29035kW，通信基站、智能楼宇、智能插座等荷类资源 11 个、容量 773kW，微电网资源 2 个、容量 665kW。

3. 多层级净负荷还原生成

通过对分布式光伏运行数据的多层级感知，结合调度控制系统采集到的馈线、主变等实时负荷采样数据，还原生成馈线-主变-区域净负荷曲线（图 6），全景展示电网各层级真实负荷情况，为运行方式安排、电力平衡分析提供数据支撑。

（三）源网荷储协同互动，缓解多级潮流倒送

为应对台区、馈线、主变反向潮流持续时间长、峰值不断增大的趋势，扬中公司通过源网荷储协同控制，制定缓解配电网各层级潮流倒送的消纳策略。发生潮流倒送时，依次启用台区、馈线、主变各级可调资源；当各级同时出现调节需求时，优先响应上级的调节需求。

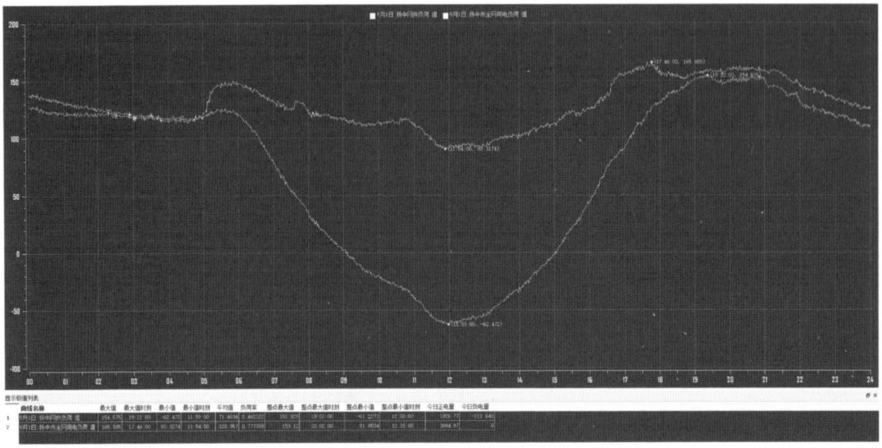

图 6　馈线-主变-区域净负荷曲线

源网荷储协同控制如图 7 所示。

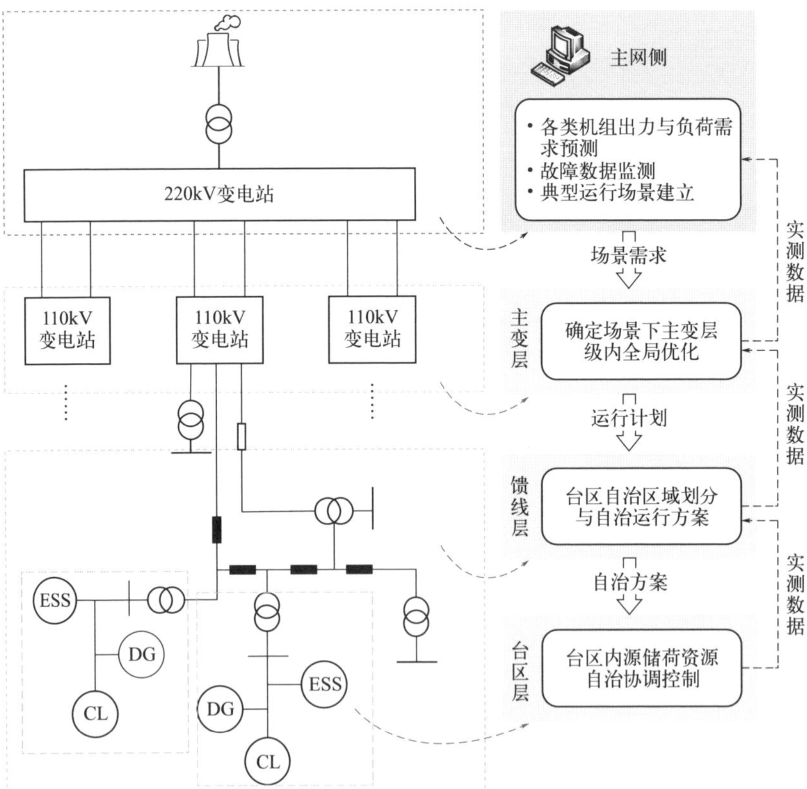

图 7　源网荷储控制互动图

1. 台区自治运行、统一调度，消除配变反向重过载

基于台区集群划分、可调资源优化配置与感知能力建设，开展台区自治、统一调度试点，结合台区储能、低压柔直等可调资源配置情况，以消除配变反向重过载、避免台区功率倒送为控制目标，考虑配网设备与储能装置运行安全约束条件，优先采取台区内就地消纳方式，选取台区储能装置，控制储能装置充放电，实现台区功率的就地平衡。其次，采用台区间功率互济方式，利用低压柔直互联实现台区间功率灵活互济。同时，在配网调度主站建设统一调度功能模块（图 8），在紧急情况下实现对台区的柔性调节。

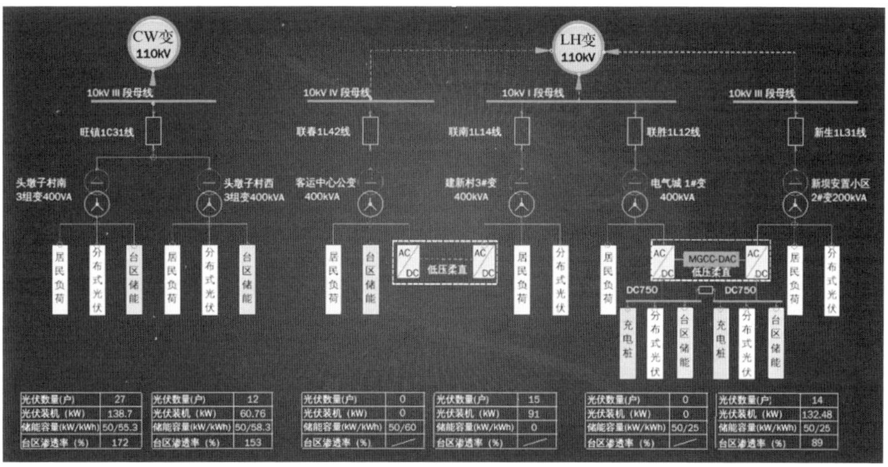

图 8 统一调度功能模块

① 功率倒送越限预警评估。考虑配变台区及配网馈线容量配置，结合台区及线路下分布式光伏并网装机情况，基于实时功率信息，分析评估不同越限告警条件下（80%、100%、120%等）的功率倒送越限预警等级，对可能出现反向功率越限的台区、馈线进行预警并触发告警信号弹窗（正常、倒送、越限）。

② 配电台区倒送自治控制。针对因分布式光伏大发与负荷时段性波动引起的配电台区功率倒送问题，利用台区自治控制技术手段，整合存在功率倒送台区内部可调资源，通过点对点就地消纳及台区间的协同

消纳进行配电台区功率防倒送自治控制。

③ 台区集群统一调度。为快速响应上级调度调控指令，基于台区可调资源信息，自动分解调控目标并批量下发至台区储能、低压柔直装置等可调资源并滚动优化调控，从而实现对上级电网的调度响应。

2. 馈线优化控制，实现线路源荷均衡运行

综合考虑馈线源荷特性，结合供电可靠性、供电质量要求以及设备安全运行约束条件，优先利用中压柔直互联装置，实现多线路功率柔性灵活互济。其次通过线路转供方式进行方式重构，调整馈线光伏发电与负荷平衡状态，实现馈线源荷均衡运行。

以新南线、增配线两条馈线为例：新南线大量分布式光伏倒送，增配线负荷较重，光伏发电长距离、跨电压等级分配功率，增加线路损耗。优先利用台区储能充放电，同时通过合解环进行方式调整，将位于新南线末端的天宇成城光伏、亿阳华威光伏等支线调至增配线运行，实现馈线层级均衡控制，降低线路损耗。

3. 主配协同控制，促进主变层级就地消纳

当发生主变级倒送时，为保障分布式光伏就地消纳，对主变下台区储能、柔直互联、中压储能等电网直调资源及协控系统所接用户侧资源，按层级依次足量调用，进行协同控制，尽可能消除主变级倒送潮流。以XB变10kVⅡ段母线为例，大量分布式光伏长期通过XB变10kVⅡ段母线倒送至2号主变，午间倒送约占主变容量的20%。结合日前发用电计划，以分布式光伏就地就近消纳为目标，日前下发电网侧储能电站充放电计划，日内通过虚拟电厂等市场化手段、联络线方式调整等常规手段相结合的方式，有效控制XB变2号主变倒送，实现分布式光伏就地消纳。

4. 响应电网调节需求，保障大电网安全运行

① 为响应电网调节需求和紧急功率支撑，在合适场景开展新能源AGC控制，协同区域可调资源保障电网安全稳定运行。制定“除光伏外的可调资源优先调节、光伏有功控制保底”的调节策略，当各层级除

光伏外可调资源用尽，仍存在潮流越限、频率过高等情况时，接受调度指令，进行新能源AGC控制，确保电网安全可靠运行。

② 为促进无功就地平衡，提高电网电压质量开展新能源AVC控制，充分发挥分布式光伏逆变器、无功补偿装置的无功电压调节能力，实现新能源厂站的无功电压远控调节，保障电网电压在合格范围内。

三、实施成效

（一）全景感知，促进配网调控更透明

1. 夯实配电网运行数据基础

实施配网设备数据多源融合后，配变有效感知率从70%提升至97%，实现了扬中调管范围内的图模全覆盖。

2. 服务光伏安全可靠接入

实现新增清洁能源装机3×10^{4}kW，年发电量可达4.5×10^{7}kW·h，按照每户居民每月用电200kW·h计算，可满足1.9万户居民一年的用电需求。

3. 实现“公里级”低压光伏实时观测

搭建低压光伏可观可测平台，实时监视低压光伏聚合出力情况，相比营销用采数据，数据估算无延时，估算精度达到90%以上，有效服务电网调度实时监测分析。

4. 提升分布式光伏精准预测水平

部署应用分布式光伏可观可测预测系统（图9），实现中压光伏和低压集群光伏平均预测精度分别达91%、94%，区域光伏功率预测精度达94%，较人工预测提升8个百分点。

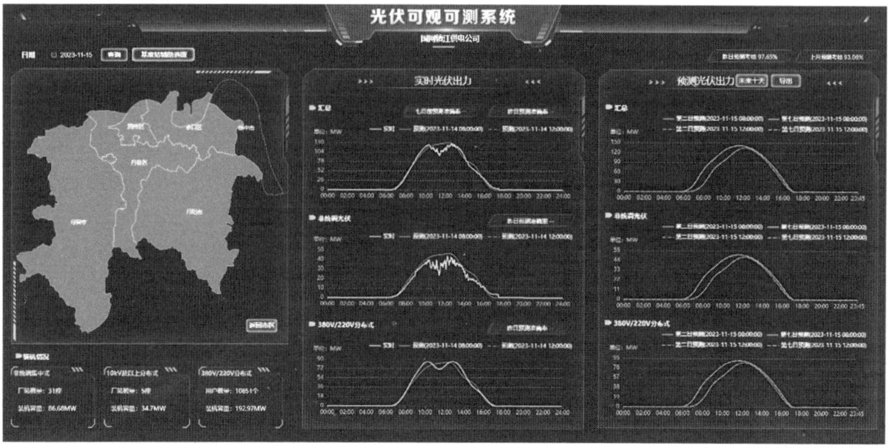

图 9　光伏可观可测系统

（二）就近消纳，推动区域用能更绿色

1. 促进台区光伏就地消纳

头墩子村西 3 组变接入光伏 60.76kW，台区最大负荷 39.82kW，是典型功率倒送台区，由于该台区最大负荷都远小于所接入光伏的容量，在大多数日期，该台区都将处于功率倒送阶段，且由于自身负荷较小，台区每日都会向上级配电网倒送电量。这里采取一充一放储能和低压台区柔性互联相结合的策略，主要目标是在提升台区就地消纳率的基础上平抑净负荷的波动功率，即在光伏发电时段优先采用浅充浅放形式，平抑分布式光伏出力波动，光伏大发时段本台区已无法实现就地消纳时，启用低压台区柔性互联装置实现台区间的消纳，提高分布式光伏就地消纳率（图 10）。

运行结果显示，头墩子村西 3 号组变净负荷倒送电能由 89.40kW·h 降为 42.75kW·h，进一步提升了台区的分布式光伏就地消纳率，净负荷峰谷差由 23.10kW 降为 8.45kW。连续运行结果显示，该台区日均减少倒送电量 34.08kW·h，台区分布式电源消纳率提升 38.12%，台区功率倒送时长平均减少 2.8h/d，满足预设目标。

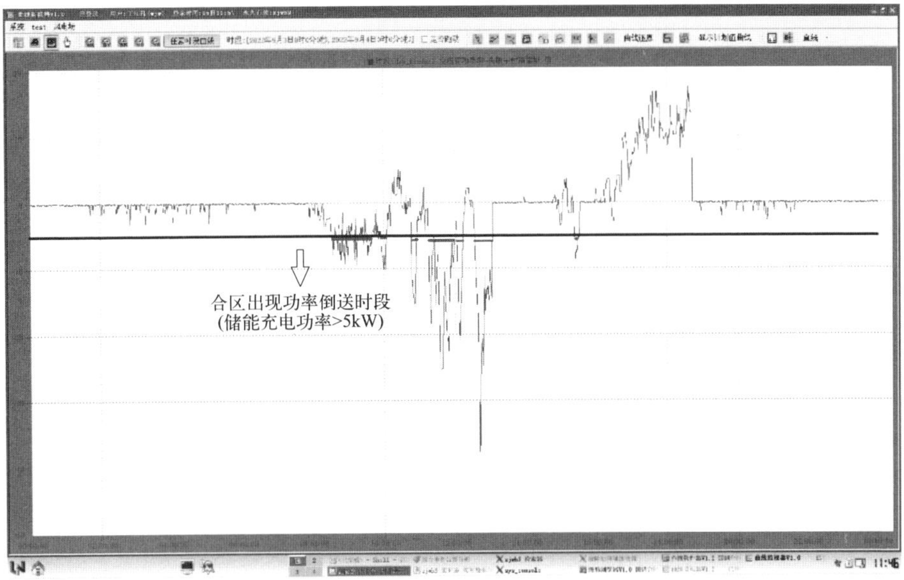

图 10　分布式光伏就地消纳率

2. 实现馈线潮流均衡分布

通过对多端口柔性互联装置的灵活控制，及时调整网架运行方式，优化配网线路潮流控制，削减约 20%的光伏倒送和负荷尖峰。通过中压柔性互联优化控制各端口电力潮流，有效促进了分布式光伏的就地就近消纳和线路负荷的均衡分布，并且在互联线路发生故障的情况下，对于非故障停电区域内的负荷，能起到紧急转供的效果，有效提升供电可靠性。

2023 年 3 月 18 日，调控员判断联南线午间光伏将大发，在最大化利用微电网、台区储能、低压柔性互联装置等低压可调手段的基础上，仍需进一步减少线路倒送功率，开始采用中压柔性互联装置并改为三端互联模式，装置三端的运行曲线如图 11 所示，当天，互联装置最大从联南线转供 849.69kW 功率，有效降低了联南线的光伏倒送峰值，保证了有源配电网安全、经济、高效运行。

3. 调整主变经济运行

完成源网荷储有功、无功降损控制策略的部署应用，实施柔性可调资源与电网联动响应，实时采集主变数据计算运行指标，综合考虑各层

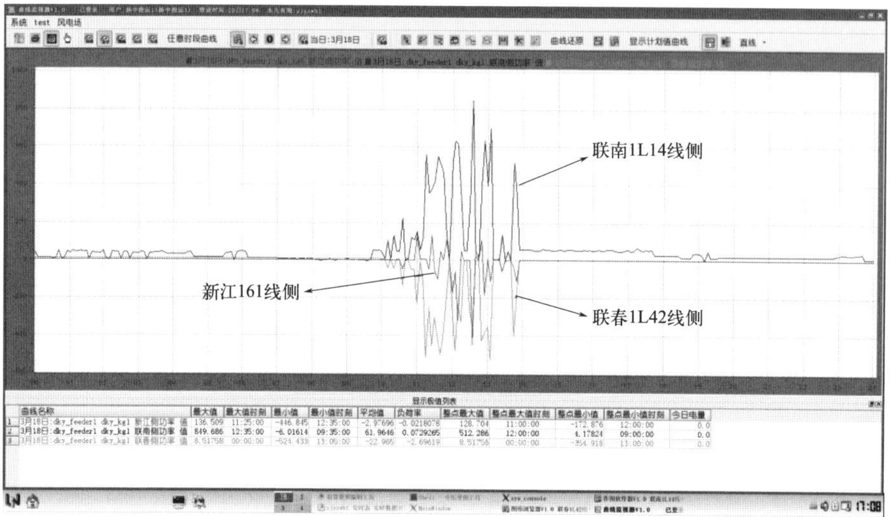

图 11 馈线潮流均衡分布

级储能剩余电量和出力约束等因素，组织主变以下可调资源实时调节有功、无功出力，实现核心变电站主变经济运行。

基于源网荷储互动的高渗透率县域电网调控运行实践以来，组织源网荷储资源互动响应，将试点区域内变压器平均损耗率由 0.324%降低至 0.297%，同比下降 8.23%（图 12），从而有效降低主变损耗，提高设备经济运行水平，提升线损精益化管理水平，助力公司提质增效工作的开展。

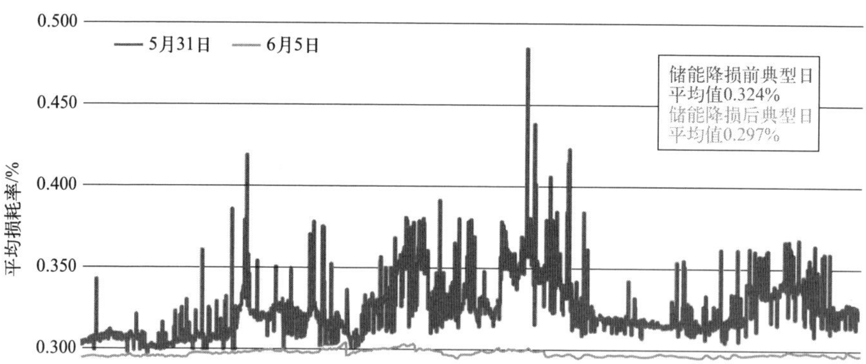

图 12 变压器损耗曲线

4. 缓解电网潮流倒送压力

2023 年国庆期间，根据光伏短期功率预测结果和负荷预测情况（图 13），在午间负荷低谷、光伏高发时段及晚峰无光时段，利用储能调节速度快、充放电转换灵活的能力，通过动态调整中压储能、台区储能充放电时间，促进储能参与电网削峰填谷，缓解电网光伏发电反调峰和夜间高峰负荷压力。

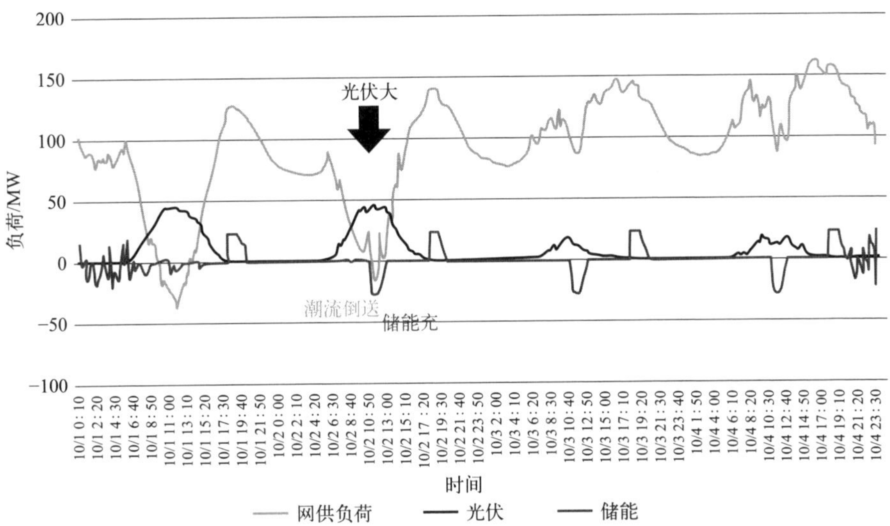

图 13　国庆期间光储荷曲线

四、推广价值

在“双碳”目标的激励下，电力源网荷储一体化工程在全行业范围内快速推进，随之而来的新能源消纳问题日益凸显。很多地区存在配变负载率分布不均的问题，而随着整县屋顶光伏开发背景下大规模分布式光伏的引入，无法满足光伏消纳需求的情况将进一步加剧。可以预见的是，长此以往，潮流倒送的范围和时长将进一步扩大，自低压向中压、高压乃至主网逐级倒送的情况难以避免，甚至威胁主网运行安全，相应的电网损耗增大，线损指标受到影响，电网运行经济性将经受巨大考验。源网荷储互动的高渗透率县域电网调控运行实践，通过打造切换灵活、功率互济的有源配电网结构，解决电网多级功率倒送场景下灵活控制潮流分布问题，实现大规模分布式光伏接入下的新型配电网灵活控制与安全经济运行。

案例四 嘉兴海宁源网荷储协调控制工程实践

一、案例简介

国网嘉兴供电公司（以下简称嘉兴公司）以源网荷储一体化协调控制为核心，深化政企共建共享、合作共赢工作机制，应用大数据、人工智能等一系列数字化方法和手段，加快构建以新能源为主的新型县级电力系统，助力“双碳”目标实现和经济社会高质量发展。2021 年以来，嘉兴公司在嘉兴城市能源互联网建设基础上，选取海宁县域电网为试点，积极推进县域源网荷储一体化探索实践。围绕“安全可靠、清洁低碳、经济高效”三重目标，适应海宁区域负荷密度高、新能源接入占比高、电能质量要求高的“三高”特征，以源网荷储协调控制系统为核心，以“增强电源侧清洁比例与调节能力、增强电网侧网架坚强与灵活水平、增强负荷侧聚合程度与响应能力、增强储能侧配置规模与运行水平”为四个重要抓手，完善清洁能源、分布式集群控制、自动化改造、柔性互联网架、建筑楼宇、直流电器、冷暖负荷、新能源汽车、电化学储能等基础设施建设，丰富源网荷储全要素灵活资源池，构建以电能为中心的一体化交互配置平台，解决电网潮流波动、电压偏移、谐波畸变等三大问题，推动源网荷储一体化协调控制深化应用，加快建设以新能源为主体的新型县级电力系统。

嘉兴公司促成海宁市发展和改革局下发《关于推动源网荷储协调发展促进清洁能源高效利用的指导意见》，海宁尖山正式挂牌全国首个“源网荷储一体化示范区”和“绿色低碳工业园建设示范区”。项目实践以来，海宁电网电源侧适应负荷变化的调节能力显著增强，有效引导负荷侧调整电力消费模式、积极参与供需互动，配电网优化配置能力大幅提升，有力促进了能源电力从高碳向低碳、从低效到高效转变，助推生态文明建设和可持续发展。

二、主要工作和关键创新

嘉兴海宁源网荷储一体化互动以提升电网配置能力为主线，以“四侧”感知补强、数据融通、业务协同为关键举措，着力提升区域电网可观可测、可调可控能力，是具备模拟推演、分析决策、资源统筹、跨域协调等全局管控能力的源网荷储协同互动（图 1）。

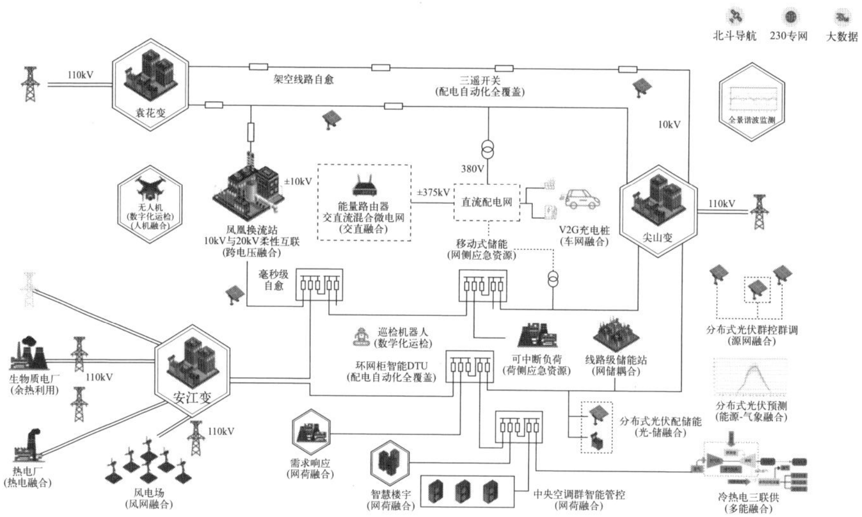

图 1　源网荷储友好互动高效协同

（一）新能源规范管理

该项目从 5 个环节打造新能源无忧接入的全流程规范管理体系：

① 组织编制布局规划、接入标准、建设管理、运维管理四个方面的新能源接入管理规范；

② 研究应用光伏出力平滑技术与装置缓解新能源出力波动带来的影响；

③ 技术改造与源头管理相结合实现分布式光伏无功可调可控，增

强源端灵活性；

④ 建设光伏出力超短期精准预测系统，有利于电网调度资源的优化配置；

⑤ 开展光伏逆变并网装置引入的谐波监测分析与治理，全面提升电能质量。

目前，尖山示范区完成分布式光伏出力平滑试点 1 处，专变中低压光伏直采接入配电自动化系统全覆盖，并设立气象监测布点 2 个，完善日前和超短期预测。安装电能质量监测装置 96 台，指导用户及光伏站点开展谐波治理工作。海宁全域光伏并网总容量 807.09MW，较 2021 年底增幅 17.2%。按照户籍人口 71.41 万计算，人均光伏容量 1.13kW，提前 13 年实现“人人光伏”战略目标。

（二）电网设备技术升级

从以下 4 个方面打造设备坚强、灵活的网架结构：

① 建设“标准化网架为基础、柔性互联为补充”的坚强灵活网架，解决配电网架结构复杂交错难题，梳理优化形成架空线路“手拉手”“多分段适度联络”和电缆线路“单环网”“双环网”四种标准网架，提升网架结构标准接线率；

② 升级配电智能设备技术，实现更具经济性的潮流转移技术路径和故障快速自愈；

③ 无人机自动巡检与数字化技术相结合，实现运维检修“量与质双提升”；

④ 以配网建设改造技术原则和新型电力系统指导手册，构建县域新型电力系统标准化技术体系。

已开展尖山配电网线路 12 个标准环改造，推进海宁全域 158 个标准环建设。完成架空线路差动开关改造及自愈功能实现，示范区“三遥”终端改造已安装量子开关 17 台，覆盖标准环 1 个。实现尖山示范区 309 个台区、推进海宁全域 7778 个台区智能融合终端全覆盖，上线台区自治 App 功能模块 8 个，打造户用光伏调控及无功电压优化示范台区，加快推进农村电力数字化转型。

（三）需求侧潜力挖掘

负荷侧深挖用户用能“三潜力”：

① 通过分路负控改造，打造“一键响应”应用场景，深挖需求响应潜力；

② 挖掘“绿色旅游”“绿色岸电”等不同领域终端电气化潜力，构建以电为中心的清洁低碳、安全高效的能源消费新生态；

③ 将“供电服务”向“供电＋能效服务”延伸，聚焦用户用能优化，推动能源结构清洁化转型，提升能源利用效率、社会能效水平。

尖山可控负荷总计达到 148.5MW，占尖山全社会最大负荷的 49％。促成海宁市发改局出台《关于开展分路负荷控制改造工作的通知》《关于加快推进海宁市大型楼宇中央空调负荷参与源网荷储一体化管控的实施意见》，成立海宁市电力负荷管理中心。推进能源大数据数字化应用，开展全市用户分布式储能可观可控潜力测算与大数据挖掘。

（四）储能布局与管理

构建“集中式与分布式互济、电源侧与电网侧互济、多种储能形式作为补充”的“两互济一补充”格局。

① 支持新型储能电站健康发展，发挥集中式储能的枢纽作用，主动服务用户侧储能开发，培育分布式储能聚合商，通过集中式储能与分布式储能互济互补构建配电网储能体系。

② 研究 V2G 站点深化应用，建立移动储能应急保障体系，坚持多种储能形式作为补充，丰富储能应用场景。

尖山已建成 1MW/2MW・h、55MW/110MW・h、10MW/20MW・h 线路级储能电站 31 座、100kW・h 台区级储能电站 1 座。持续拓展分布式储能资源，已建成项目 8 个，容量 11.25MW，其中尖山 4 个。确定建设意向企业 16 家，可建容量 17.4MW，逐步形成用户侧储能资源聚合模式。授牌 6 家储能投资商作为首批企业，在海宁市全域形成新型储能“聚合”商业模式雏形。

（五）源网荷储协调控制系统

以分层分布、最小单元自治思路，将配电网按电压等级分为“台区层-线路层-站域层”三个层级（图 2），进一步将不同层级解构为最小自治单元（单一台区、单个标准环、单座变电站），实现资源按层级最小单元调控。根据层级最小自治单元的不同运行状态制定控制策略，3 种运行状态为正常运行、电网故障及供电缺口，建立“一态一策”对应控制，即“经济运行-快速自愈-自我平衡”的三态子策略，每层最小自治单元的控制中心根据运行状态，调用本单元的四侧资源，制定执行相应的子策略，实现资源按层级最小单元状态调控，实现配电网“分层分区、自治平衡”。源网荷储一体化平台如图 3 所示。

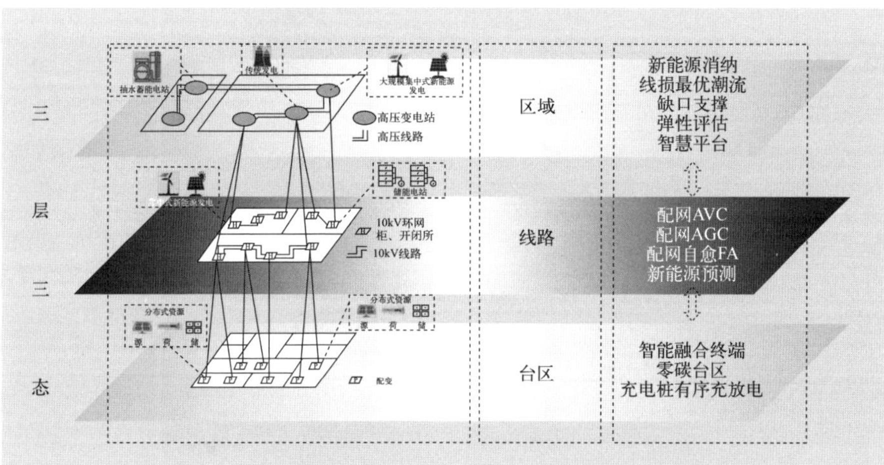

图 2　新型有源配电网形态下嘉兴海宁源网荷储协同互动框架

三、实施成效

（一）技术指标

通过项目建设，构建以新能源为主体的新型电力系统雏形，本地清洁能源占本地一次能源比例提高到 52.3%，清洁电量占全社会用电量

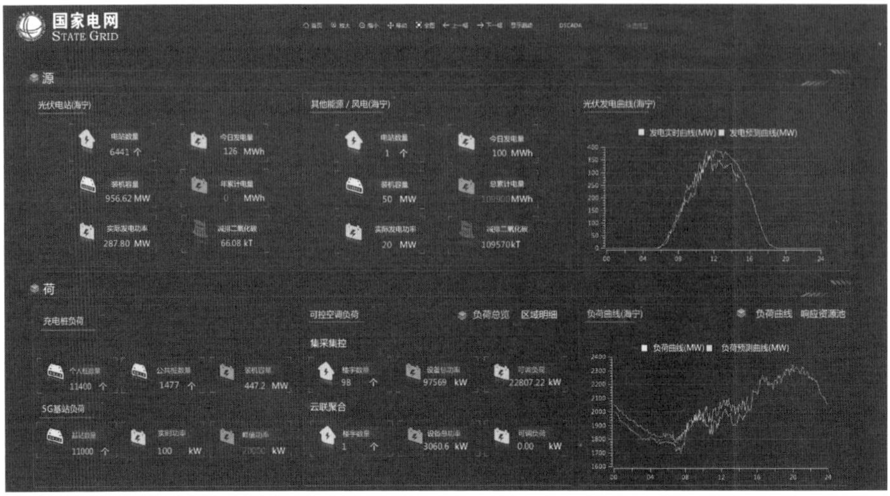

(a)

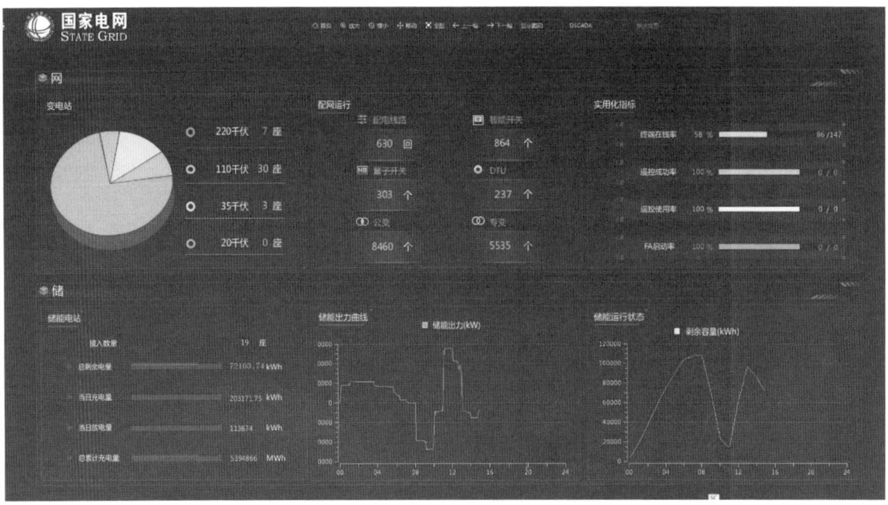

(b)

图 3 源网荷储一体化平台

比例达到 59.0%，电能在终端消费占比达到 59.4%以上。分布式光伏消纳电量 27.78 万千瓦，就地消纳比例 98%以上。配电自动化及自愈水平达到 100%，短时抗冲击能力达到 11.4 万千瓦，应对稳态扰动削峰能力达到 7.5 万千瓦，填谷能力达到 4.6 万千瓦，供电可靠性提高到 99.99%以上。通过应用光伏出力平滑技术、配电自动化技术、即插即用移动储能技术，构建智慧楼宇、企业、电动汽车、微电网等多元主体参与的秒级可中断、分钟级可调节、日前可调节三级需求响应池，提升电网应对新能源出力波动和故障冲击的能力。

（二）经济指标

通过技术手段，确保了尖山新区光伏发电出力的全额消纳，按照2022年发电量6.51亿千瓦时、光伏发电价格0.4153元/(kW·h）计算，为光伏发电业主创造发电收益27036万元。深化建设源网荷储协调控制系统，全面协同源网荷储四侧15类灵活资源，实现数据共享、系统互通和业务集成，建立资源高效调用与协同互动的协调控制策略，提升综合能效水平，以电力能源降碳助力地方碳达峰。到2025年尖山年消纳新能源电量8.03亿千瓦时，相当于23.85万吨标准煤。可减少二氧化碳排放约63.43万吨，减少二氧化硫排放约0.92万吨，减少氮氧化物排放约1720t，减少烟尘排放约1652t。可再生能源的开发利用对改善能源结构和节约能源资源将起到重要作用。

（三）社会效益

通过项目建设进一步打造并完善以光伏为主的新能源产业链，打通新能源技术研发、光伏组件生产、商业化解决方案、新能源电站投资、发电系统管理运维等环节。尖山新区年均20MW的新能源开发力度将极大拉动新能源全产业链企业投资，促进新能源产业规模扩张，促进劳动就业。助力海宁市绿色低碳循环城市建设，助推海宁地方经济社会高质量发展。清洁能源的开发利用将节约和替代大量化石能源，显著减少污染物和温室气体排放，促进人与自然的协调发展。保障新能源高效消纳，提升电网绿色低碳水平。通过持续完善配网网架、建设柔性互联示范工程、布局电网侧与新能源侧储能、开展分布式光伏群控群调等手段，全面提升光伏消纳能力与利用效率，确立新型电力系统的新能源主体地位。

四、推广价值

项目应用了最新的高效能光伏组件技术、光伏虚拟同步机发电技术、基于气象云图的分布式光伏发电预测技术、柔性互联开关技术、能量路由技术、多微网背靠背技术，具有较强的创新性。项目所建立的源网荷储一体化模式能较好地适应新能源的高比例接入，是未来以新能源为主体的新型电力系统发展方向，具有很好的示范意义。项目落地区域海宁的能源特点在东部沿海受端电网中广泛存在，所解决的问题是配电网当前已经面临或未来将普遍面临的问题，同时项目所采用的手段与地方经济高质量发展高度契合，是能源与经济高度协同的发展模式，具有很强的推广价值。

案例五 苏州同里交直流混联微能网示范工程

一、案例简介

2018 年，国网江苏省电力有限公司（以下简称江苏公司）以国际能源变革论坛永久落户苏州同里为契机，与政府携手共建苏州国际能源变革发展典范城市，旨在将苏州同里能源互联网示范区打造成为能源供应清洁化、能源消费电气化、能源配置智能化、能源服务共享化，以及思想发源地、理念传播地、技术推广地、产品应用地、产业集聚地的“四化五地”能源示范建设样本。江苏公司在苏州同里能源互联网示范区，开展了一系列首台首套涵盖源、网、荷、储各方面的重大项目建设，包括光热发电、三合一电子公路（光伏路面）、幕墙光伏、分散式风电等电源新形式，中低压交直流混联配电网、多端口能量路由器等电网新形态，智能楼宇、智能插座、智能照明等负荷新类型，压缩空气储能、梯次储能、预制舱储能、高温相变储热等储能新场景。示范区电源侧接入 800kW 光伏、20kW 风机、75kW 斯特林光热发电，负荷侧接入 2 台 7kW 交流充电桩、2 台 60kW 直流充放电桩、1 台 240kW 虚拟同步机充电桩、4 台 120kW 直流充电桩、4.96kW 虚拟同步机路灯，储能侧接入 600kW 预制舱储能及 1MW 梯次利用储能，以 10kV 中压交流、380V 低压交流、±375V 及±750V 直流配电网组成园区主干供电网，其中可调可控负荷 524.72kW，储能 1600kW。

二、主要工作和关键创新

围绕“电为媒介、网为平台、多能互补、自由接入、区域自治、智能互动”的创新理念，依托同里能源互联网示范区一系列重大项目建设，建设区域综合能源协调控制系统。通过对区域内冷-热-电和源-网-荷-储多环节的协调控制，实现区域综合能源系统以“安全、绿色、经济”为目标的自治运行，同时实现与上级电网“主动孤网、应急支撑和需求响应”等场景的智能互动。2019～2021 年，苏州同里综合能源协调控制系统建设成果在江苏全省 13 个地市区域成功推广应用。

苏州同里综合能源协调控制系统实时采集微网路由器、光伏、风电、光热发电、预制舱储能、压缩空气储能、高温相变储热、三合一电子功率、绿色充换电站、空调负荷、气象站以及同里湖嘉苑绿色被动房 12 个工程项目运行信息，向上与调度自动化系统联通，实现协控系统与调度系统的信息交互。

1. 区域自治方面

利用区域内部各类源网荷储资源，以供电安全、绿色环保、经济收益、节能高效为目标，通过内部系统的策略优化，实时调控分布式电源、储能、柔性负荷等元素对象的发用电功率来达到总体目标的最优。

（1）“安全运行”模式

针对风光的高渗透率与强不确定性、电动汽车的无序充放电、过电压、功率阻塞等典型问题，以安全裕度为目标，控制线路及关键设备的负载率在安全范围内，提升电网抵御风险的能力。

安全运行模式如图 1 所示。

同里区域自治“安全运行”以储能柔性负荷以及分布式电源为主要资源对象，为示范区提供 1200kW 可上调资源和 1855kW 可下调资源，来提高示范区安全裕度，实现了设备和线路在正常态和 N-1 下的均衡运行，解决示范区综合能源系统新能源高比例接入后的功率阻塞问题，提高其供电系统安全裕度和抵御风险的能力。

（2）“绿色运行”模式

针对清洁能源的高比例接入、风光荷预测的不准确性、弃风弃光等

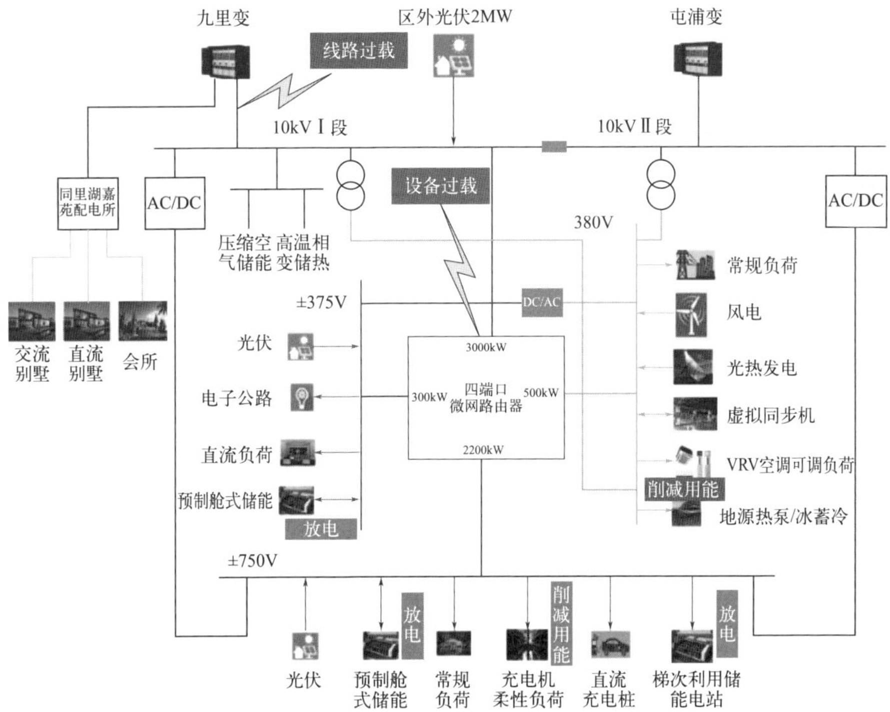

图 1　安全运行模式

典型问题，以最大化消纳区域内清洁能源为目标，利用储能及柔性负荷的可调裕度，提高综合能源系统清洁能源消费占比。

绿色运行模式如图 2 所示。

同里区域自治“绿色运行”以智能楼宇 VRV 空调资源、直流充电桩资源以及屋顶光伏、公交车智能充电资源为主要资源对象，利用储能及柔性负荷的可调裕度，提高示范区综合能源系统清洁能源消费占比，实现示范区清洁能源 100%就地消纳，利用示范区快速充电服务提高用电绿色性。

（3）“经济运行”模式

针对分时电价政策/电力市场不断渗入、不同利益主体收益需求、系统运行损耗及交直流混合运行等典型问题，以用户经济效益最大化为目标，通过响应分时电价降低综合能源系统的购电成本，减少交直流发

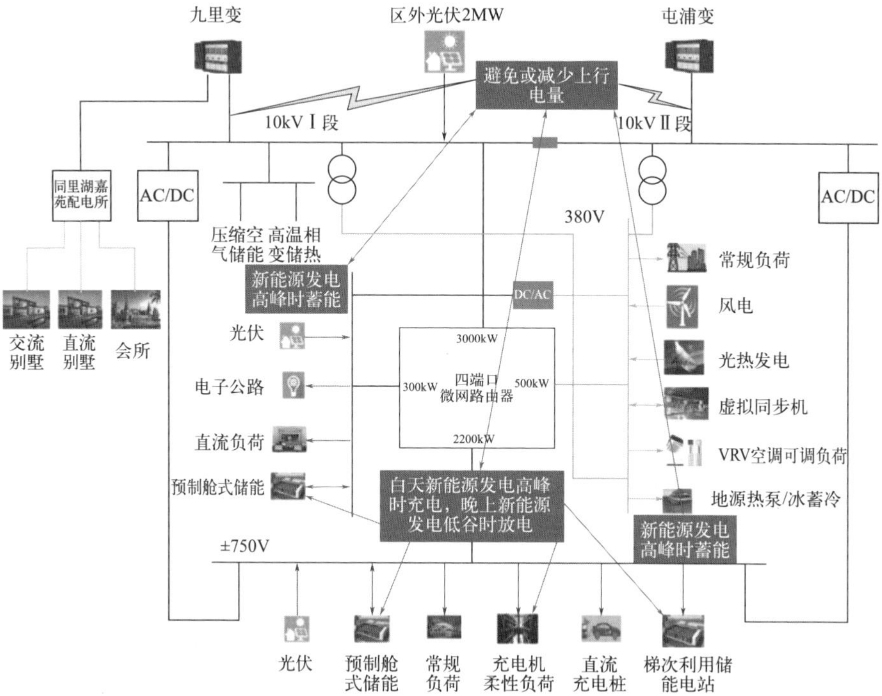

图 2　绿色运行模式

电和用电系统之间的能量转换环节以降低转换损耗，促进分布式电源就地消纳以减少功率在馈线上的传输等方式提高能效，实现用户经济效益最大化。

经济运行模式如图 3 所示。

同里区域自治“经济运行”以分布式电源、虚拟同步机与交直流充电桩资源以及梯次储能资源为主要资源对象，通过减少交直流发/用电之间的能量转换环节，提高示范区内发供电效率 15%以上；通过减少功率传输路径，至少降低了配电线路电量损耗 400kW · h/a；基于峰谷电价差控制储能及柔性负荷运行方式，减少用电成本约 8.9 万元/a。

2. 智能互动方面

通过与上级电网进行数据交互，获取电网风险预警信息、需求响应信息等，具备对上级电网的“主动孤网”“应急支撑”“需求响应”等互动响应能力。

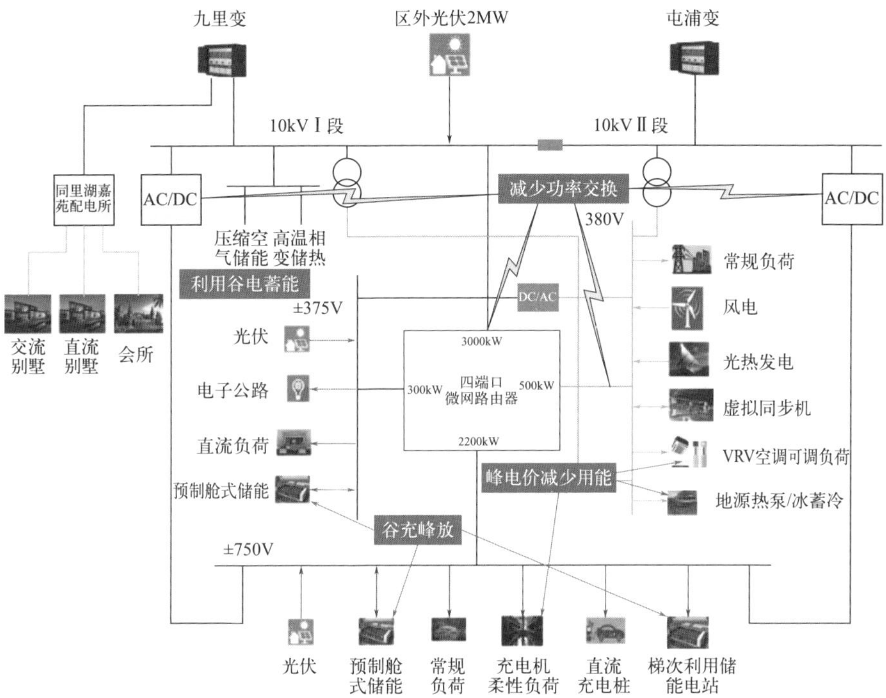

图 3 经济运行模式

（1）“主动孤网”能力

获取上级电网风险预警信息，利用内部可调资源优化运行方式，在外部电源失去时保持孤网运行，提高供电可靠性。同里综合能源系统“主动孤网”试验是模拟电源进线出现故障时进行孤网运行，保证综合能源系统的供电可靠性，当风险消除后恢复同期并网。主动孤网试验情况如图 4 所示。

同里“主动孤网 1.0”的成功试验为中低压交直流配电网的运行管理提供了一种新的技术方案，首次实现了国内中低压交直流混联配电网的无缝并离网切换。同里“主动孤网 2.0”试验科学解决了“一键顺控”自动批量处理、分布式电源及负荷大范围快速波动下的区域稳定控制等技术难题，为提高配网重要负荷供电可靠性提供了重要技术手段。主动孤网能力试验实现了带载分布式光伏和波动负载情况下的协控后台自动孤网及同期并网无缝切换。程序启动到完成离网控制约 28s，离网后

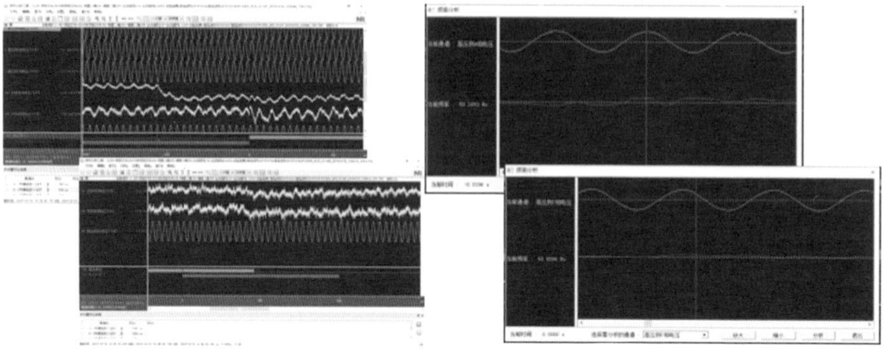

图 4　主动孤网试验情况

可保持长时间稳定运行，离网期间光伏 20～30kW、智能插座 5～8kW 扰动，示范区总负荷约 80kW，同期并网程序启动至完成并网控制约 26s。

（2）“应急支撑”能力

针对特高压直流闭锁、主力电源失去等情况，获取电网频率信息，通过控制储能放电、削减柔性负荷，快速减少综合能源系统用电功率或对外进行功率输出，支撑外部电网。包括：

① 毫秒级控制：通过与大规模源网荷储友好互动控制系统的信息交互，实现同里现场储能毫秒级反转响应。

② 千秒级控制：同里综合能源协控系统收到吴江调度控制指令后，协控系统实时计算同里综合能源系统内可调资源的可增加负荷量和可减少负荷量，减少整体用电功率或增加对电网的出力，实现对电网秒级、千秒级的功率支撑响应。

应急支撑试验情况如图 5 所示。

同里“应急支撑”试验的成功为电网建立综合能源电网备用容量调度池提供了理论和实践支撑。建立了基于电网拓扑信息的电网备用容量调度池，支撑电网运行秒级、千秒级的有功功率控制。应急支撑能力试验主站统一发令时间是 23 分 31 秒 331 毫秒，用户开关跳闸遥信变位信号接收时刻 23 分 31 秒 365 毫秒，储能设备开始切负荷动作时间 23 分 31 秒 480 毫秒，切负荷动作结束时间 23 分 31 秒 760 毫秒，储能设备响应控制时间总计 280ms。

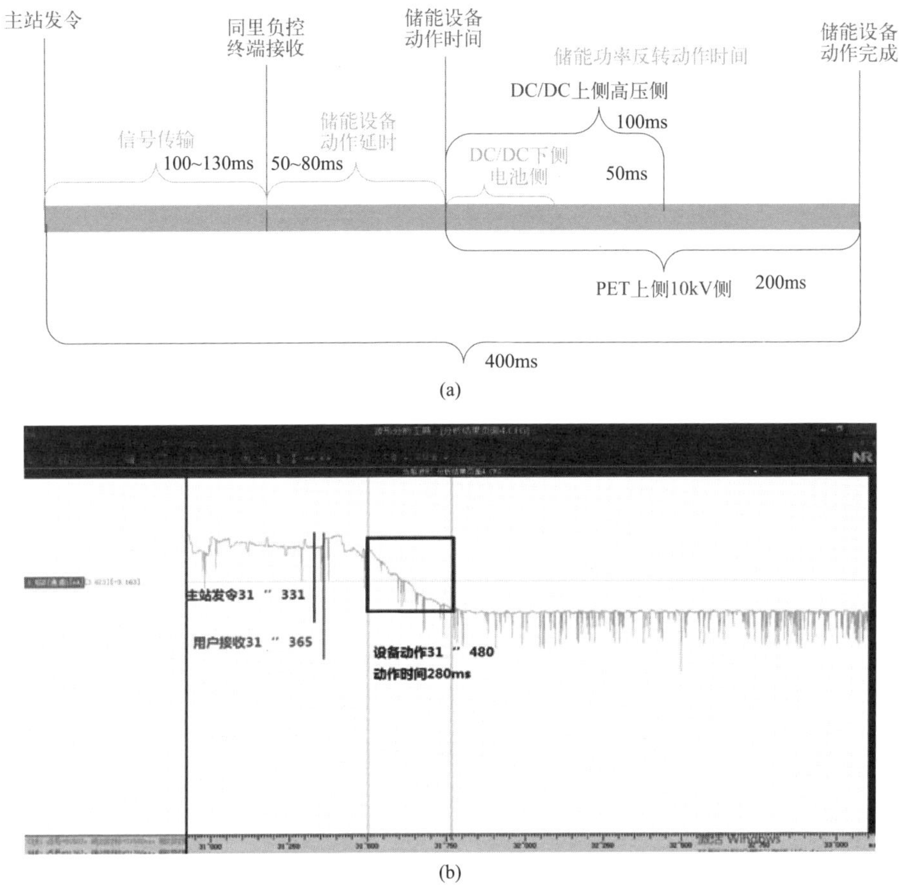

图 5　应急支撑试验情况

（3）“需求响应”能力

基于市场价格信号或者激励机制，协调内部可调资源及时做出响应，用户获得经济收益的同时，可以对电网进行错峰、削峰、填谷，降低电网峰谷差。通过搭建基于负荷预测的削峰需求响应场景、基于新能源消纳的填谷需求响应及实时需求响应模拟场景，结合协控系统市场交易模块进行收益统计和模拟结算，实现同里综合能源系统“需求响应”功能验证试验。需求响应试验情况如图 6 所示。

需求响应能力试验总计响应电网电力需求 228.86kW·h，总计参与需求响应模拟收益 3587.48 元，整体响应效果评估达到 90%，在用

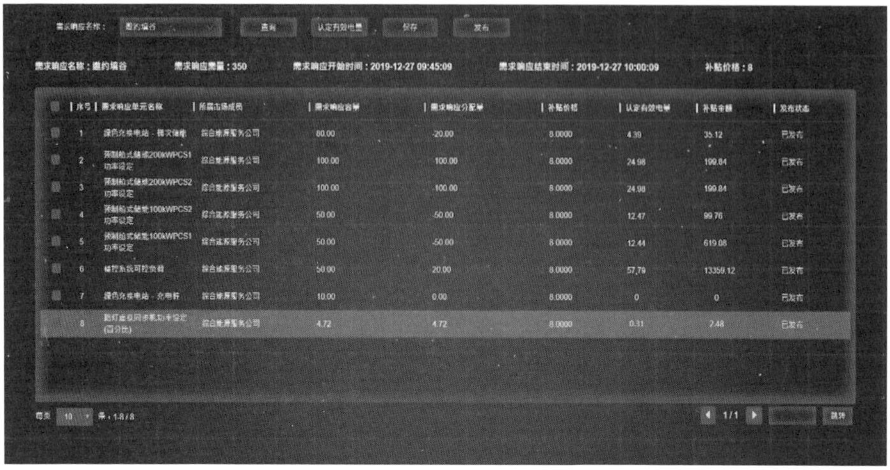

图 6　需求响应试验情况

户获得参与电网互动经济收益的同时完成了与电网的电力需求响应互动，从而为缓解区域供电压力并保障电网稳定运行提供了响应支撑，实现了真正的互利共赢。同里“需求响应”试验积极探索了电网调度在综合能源需求响应以及综合能源交易等业务方向。

三、实施成效

苏州同里能源互联网示范区综合能源协调控制系统建设，在技术、经济、社会等各层级均取得积极成效，为电网公司在综合能源调控领域的业务发展方向提供了坚实的实践参考。

苏州同里能源互联网示范区综合能源协调控制系统已接入 800kW 光伏、20kW 风机、75kW 斯特林光热发电、7kW 交流充电桩 2 台、60kW 直流充放电桩 2 台、240kW 虚拟同步机充电桩、120kW 直流充电桩 4 台，4.96kW 虚拟同步机路灯、600kW 预制舱式储能、1MW 梯次利用储能等设备，实现了多能源类型信息采集接入、统一建模管理与综合监视分析。通过对同里综合能源服务区内的绿色充换电站、梯次储能、智慧路灯、智能楼宇等资源进行聚合管理，实现了示范区源-网-荷-

储的协调运行控制以及冷-热-电多能互补联合运行控制，实现了终端需求响应、能效管理及综合能源系统的动态分区。通过“应急支撑”“主动孤网”“需求响应”实现区域内可调资源的分解执行，整体上实现了对电网功率支撑响应、系统稳定离网运行。

系统自投运以来，运行稳定，功能可靠，有效提升了区域内可调控资源的互动协调控制水平，实现了新能源的合理配置与完全消纳，提升了区域综合能源利用效率，充分体现了同里示范区的先进性与示范性，为源网荷储一体化建设推广提供了宝贵经验和优秀模板。

四、推广价值

在电力体制改革的背景下，兼顾区域综合能源电网和大电网双侧双向协调运行控制的同里协控系统可广泛应用于增量配售电公司、有源微电网运营公司、负荷聚合商等介于电网公司和用户之间的第三方企业，为区域综合能源协调控制提供解决思路，也将实现与大电网的互备互用和良性互动。未来类似协控系统可作为用户侧能源参与电网辅助服务的核心平台，精确分析用户用能需求，为客户提供综合能源透明管理、经济高效管控、设备实时状态监控等功能，是客户侧综合能源售电业务的载体。综合能源服务涵盖范围广泛，市场潜力超过万亿。基于能源数据价值的进一步挖掘，依托互联网将衍生出更多的服务模式，服务对象将扩展到各类能源的生产者、消费者和服务者，建立优势互补、合作共赢的综合能源服务生态圈，推动国家能源变革，提高全社会资源利用效率。

案例六　连云港开山岛离网型海岛微电网示范工程

一、案例简介

开山岛地处黄海前哨，扼守苏北沿海，战略价值极高。以王继才夫妇为代表的守岛人以岛为家，克服难以想象的困难，谱写了动人心魄的时代赞歌。随着“开山岛爱国主义教育基地”揭牌落地，开山岛也成为学习王继才精神的红色岛。每逢节假日，多家单位组织员工登岛参观学习王继才精神。这对开山岛微电网可靠供电带来巨大的挑战，也对海岛微电网运维保障提出更高的要求（图 1）。

图 1　开山岛案例背景

2015 年，连云港供电公司（以下简称连云港公司）在开山岛上建成了Ⅰ期微电网，2019 年建设了Ⅱ期微电网，同年 6 月 18 日开山岛离网型海岛智能微网工程顺利建成投运，解决了开山岛的用电难题。

开山岛微电网是离网型微电网，目前主体设备包括：110kW 光伏机组、30kW 风电机组、30kW 柴油发电机、600kW·h 储能设备、19 条负荷支路和 1 套微电网控制系统，以及 1 套可日产 10t 淡水的海水淡化系统。

针对地理因素造成的“维护难、抢修迟、信息慢”等运维难题，2022 年开展远程智能化管控手段建设，实现海岛微电网实时巡检、隐患智能研判、抢修快速响应。

二、主要工作和关键创新

（一）主要做法

1. 打造开山岛微电网远程监控中心

利用调度自动化系统，统筹管控海岛微电网异常告警信息。将光伏、风机、储能等电网数据接入信息平台，为运维队伍建立数据采集网络，汇集能源数据，以便常态开展系统监控、日常巡视、负荷管控、应急管理、异常处理、微网保电等远程监控（图 2）。

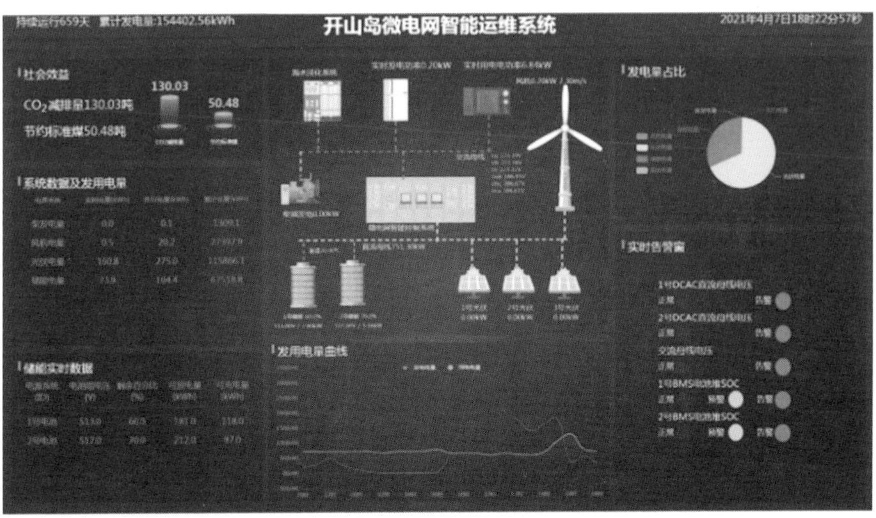

图 2　开山岛微电网远程监控中心

此外，应用大数据提升微电网负荷预测和预警能力，开展大数据收集并进行数据预处理，利用智能分析及日报，周期性提供微电网运维报告。通过历史数据综合判断系统运行情况，根据天气、系统状态预判储能电量维持时间，便于驻岛民兵及时采取节电措施，也便于运维队伍提前做好保电工作。

2. 打造开山岛微电网远程运维平台

利用稳定的远程通信技术，同驻岛民兵共同开展微电网远程运维，探索远程巡检与现场巡检相结合、灌云供电公司与驻岛民兵协同运维工作机制。凭借实时通信技术、高清摄像球机，利用开山岛微电网远程运维平台细化、优化海岛微电网运维细节，实现海岛微电网运维闭环管理。

开山岛微电网远程运维平台通过数据研判分析微电网的事故相关遥信变位信息、遥测实时信息等的关联性或逻辑性，综合判断微电网的异常和故障类型智能推送处理建议，实现岛上缺陷立查立改。对于难以处理或者难以发现的缺陷，利用实时通信技术，通过实时视频回传远程指导驻岛民兵消除缺陷。开山岛微电网远程运维平台如图 3 所示。

(a)　　(b)　　(c)

图 3　开山岛微电网远程运维平台

此外，在日常运维工作中，驻岛民兵和运维队伍可以通过手机终端可视化巡检自动接收异常报警，同时根据不同异常展示不同的处置方案。运维队伍可以通过 App 记录维修结果，闭环整个异常处理流程。

3. 建成北斗基站保障红色岛微网运行

为进一步提高开山岛微电网运行可靠性和稳定性，大幅提高岛上微电网设施授时精度和定位精度。根据“原貌破坏最小”原则选取 3 个数据观测点，每个观测点驻岛连续观测卫星测试数据 24h，采用锦标赛法对测试数据进行两两比较，最终确定最佳位置。对岛上风机、光伏、储能、海水淡化等设备设置专用北斗终端，实现厘米级位移和沉降实时监测，扩展高精度授时接口，建设光缆、网络等多种授时通道，为微网设备和控制系统提供近纳秒级时钟服务。北斗基站如图 4 所示。

图 4　北斗基站

4. 实施无线专网覆盖保障开山岛通信

由无线终端通过 4G 无线专网经微波传输至燕尾港码头基站 OSN500，通过灌云接入层支环、市县 A 网传输至连云港公司核心网后接入地县自动化采集 VPN 通道，通过城区支环传输至连岛海岛综合能源管理系统。

通过 1 套 AC/DC 电源转换装置，对微波设备及原有其他 BBU 设备进行供电，并配置 1 路交流、2 路直流空开对微功率直放站等设备进行供电。无线专网覆盖保障开山岛通信设备如图 5 所示。

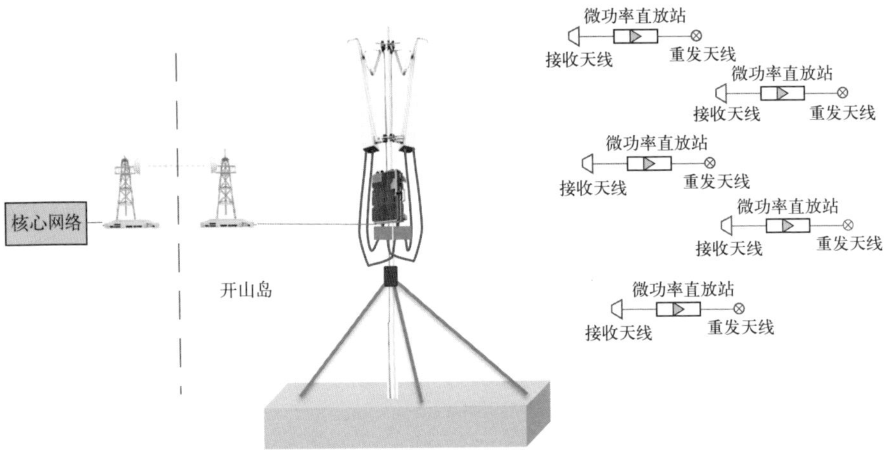

图 5　无线专网覆盖保障开山岛通信

（二）关键创新

1. 业务自动化

开山岛微电网智能管控平台通过采集电力大数据，统计分析海岛微电网电力信息，归纳汇总电池容量、光伏发电量等运行数据，定期提供微电网运维报告。结合历史数据综合判断系统运行情况，根据天气、系统状态预测储能电量维持时间，提前发出保电预警，便于驻岛民兵及时采取节电措施，也便于运维队伍提前做好保电工作。

2. 作业智能化

开山岛微电网智能管控平台通过分析微电网的事故相关遥信变位信息、遥测实时信息和异常告警信息等内部的关联性或逻辑性，综合判断出微电网的异常和故障类型。通过关联算法，找出微电网上报的安全事件之间的相关联系，挖掘有效信息，剔除虚假、重复的告警信息，发现潜在威胁告警并将具体缺陷情况报送运维队伍，同时推送处理建议及相关处理步骤；对于陌生的异常情况，开山岛微电网智能管控平台能够及时记录并更新至典型异常库，同步将处理方法和处理步骤更新至专家库，以便相似情况再次出现时及时处理。

3. 管理可视化

开山岛微电网智能管控平台通过搭建实物模型，实时展示海岛微电网运行情况，在关键设备展示实时电压、电流、有功功率等电力信息。通过设置光字牌统一管理告警信号，并设置闪烁功能以提醒告警信息。

三、实施成效

（一）经济效益

节约电网投资，据测算，若采用海缆延伸供电，需投资两千余万元，且运行维护成本极高。继 2019 年 6 月 18 日，开山岛智能微电网和海水淡化项目建成后，除保障岛上用电用水稳定充裕外，还依托“零碳岛”的效能孵化，进行智能微电网的数字化植入，更是让岛上的用电实现了可观、可测、可调、可控。开山岛持续稳定运行超过 2150d，累计发电量达到 4×10^5kW・h。折合减少二氧化碳排放量 337t，节约标准煤 130t。

（二）社会效益

新能源发电占比 99.17%，供电可靠性大于 99%，践行了习近平总书记对“时代楷模”王继才同志先进事迹的重要指示精神。开山岛微电网示范工程是“零碳”电网的典范，同时也是数字化成功运用的案例，通过汇集开山岛微电网电力数据，实现了对开山岛微电网的实时数据监控，切实提升了微电网安全稳定运行和用户侧服务水平。利用合理的处理逻辑，主动分析采集的电网数据，自动筛选异常信号，同时将告警和处理建议推送至移动设备，能及时高效地处理岛上80%各类用电故障。形成“运维监测终端+用户手持终端”标准化运维模式。

抢修抵达时长由原来的100min下降至25min，人工车辆等抢修成本下降80%。2022年已累计发现并处理异常缺陷36条，缺陷隐患消除率达到100%。北斗地基增强站将为开山岛智能微网设备提供纳秒级授时服务和厘米级定位服务，强力支撑岛上设备位移和沉降监测，保障红色岛上的微电网可靠、稳定运行，更好地满足驻岛民兵用电、用水需求，打造区域能源互联网的江苏样板。

四、推广价值

通过在海岛微电网领域做好相关调控运维关键技术的研究和支撑，从清洁能源利用、运维技术规范、安全运行管理、设备地质监测、提升用户感知等方面进行探索，开展海岛微电网协调控制运行、运维规范制定、运维队伍建设、日常运维管理、运维平台开发、地质灾害预警等工作。不断探索形成海岛微电网调控一体化运维规范化标准业务，组建一支集海岛微电网现场运维、远程监控、专家支持、技术研究于一体的运维队伍，着力保障海岛微电网安全高效运行，未来可适用于其他岛上的源网荷储协调控制和设备运维，具备良好的应用前景。

案例七　厦门混合储能型工业绿色微电网示范工程

一、案例简介

厦门混合储能型工业绿色微电网示范工程由厦门新能集智控科技有限公司承建，地点位于厦门新数能电力科技有限公司凝胶固态锂电池中试生产线园区内（图 1）。

图 1　新数能混合储能工业绿色微电网系统建设地

该项目主要解决以下问题：

① 解决厂区功率扩容需求。原有变压器容量为 1.25MVA，而中试

线设备额定功率为 2.4MVA，峰值运行功率超过 1.8MVA，需要电力扩容以保障正常生产。

② 提高新能源发电应用水平，提升绿电消纳能力，解决新能源电力高渗透率（100%渗透率）应用技术难题。

③ 满足工业生产对用能质量和供电可靠性的高要求。依托微电网独立运行能力确保供电可靠性，并满足部分设备对电能质量的高要求。

④ 提高电池生产中的能源利用率，降低成本和能耗。通过智能控制提高发电利用率、优化生产工序、进行能量回收，实现绿色低碳生产。

⑤ 验证和示范先进微电网技术和构网型储能技术。项目涵盖了“源网荷储”中的各个环节，提供对微电网和储能新技术的长期验证和运行示范。

本项目构建了一个多源融合、柔性可控的源网荷储一体化系统，采用“多微网协同”架构，实现各单元自治运行、柔性互联、统一调控的目标。系统由 5 个具备独立运行能力的子微电网构成，支持按需独立运行或协同联动，具备良好的模块化扩展能力和运行灵活性。各组成部分如下：

① 源：建设分布式屋顶光伏系统，总装机容量为 2.138MW・p；配备 100kVA 柴油发电机作为备用电源冷备份。

② 网：配电网接入 10kV/1.25MVA 变压器。

③ 荷：负荷总容量为 2.4MVA，运行峰值功率超过 1.8MVA。系统负荷按照关键程度划分为 3 个供电优先级，分布在 10 条供电回路中。

④ 储：凝胶固态锂电池 500kW/(2000kW・h)、630kW/(2000kW・h)，钠离子电池 500kW/(1550kW・h)，锂离子电池 800kW/(2310kW・h)，共计 2430kW/(7248kW・h)。

二、主要工作和关键创新

本项目采用“多微电网协同运行”架构（图 2），构建 5 个具备独立运行能力的微电网单元，各微电网单元均配置光伏发电系统、储能系统与关键负荷，通过智能网关实现自治运行、柔性互联与统一调控。具体配置如下：

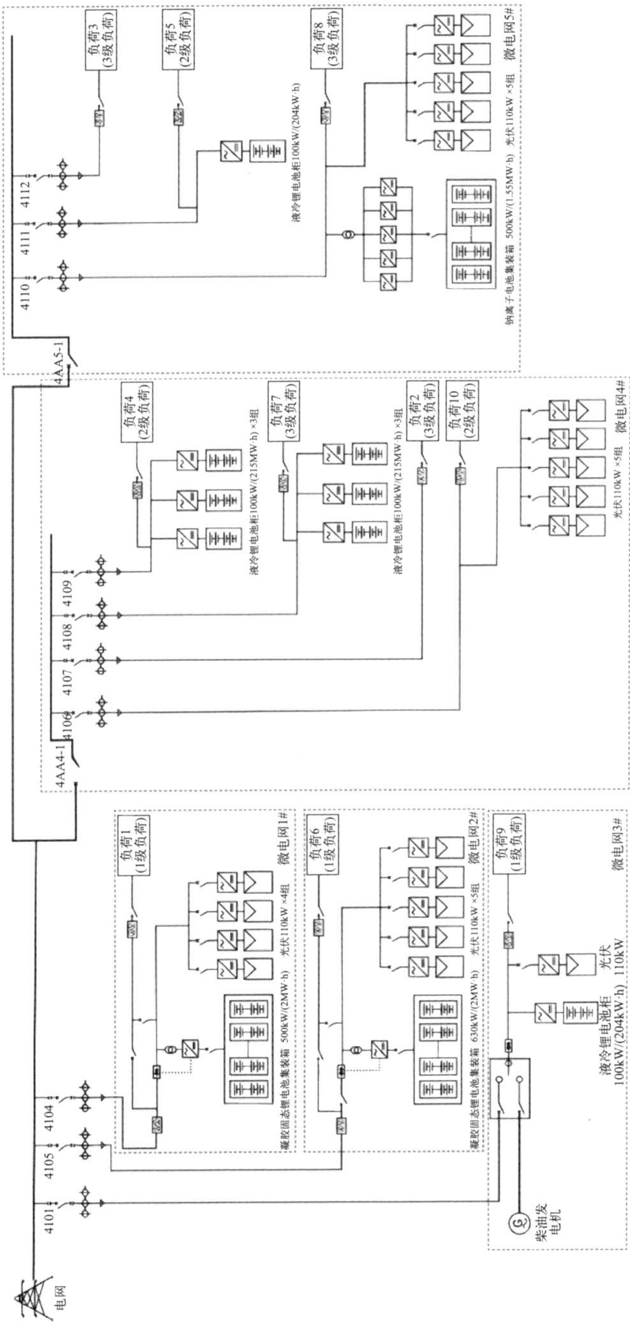
电网
4101
4105
4104
4AA4-1
4106
4107
4108
4109
4AA5-1
4110
4111
4112
负荷1
(1级负荷)
负荷2
(3级负荷)
负荷3
(3级负荷)
负荷4
(2级负荷)
负荷5
(2级负荷)
负荷6
(1级负荷)
负荷7
(3级负荷)
负荷8
(3级负荷)
负荷9
(1级负荷)
负荷10
(2级负荷)
凝胶固态锂电池集装箱 500kW/(2MW·h)
光伏110kW×4组
微电网1#
凝胶固态锂电池集装箱 630kW/(2MW·h)
光伏110kW×5组
微电网2#
柴油发电机
液冷锂电池柜
100kW/(204kW·h)
光伏
110kW
微电网3#
液冷锂电池柜100kW/(215MW·h)×3组
光伏110kW×5组
微电网4#
钠离子电池集装箱 500kW/(1.55MW·h)
液冷锂电池柜100kW/(204kW·h)
光伏110kW×5组
微电网5#

图2　系统总体架构

① 微电网 1：光伏发电 4 组，每组 110kW，共计 440kW。储能为凝胶固态锂电池 500kW/(2000kW·h)，充放电倍率为 0.25C。其中，储能单元前端配有平滑切换装置，作为微电网 1 的智能网关单元，保证负荷稳定供电，以及对外的切换和功率交互等功能。负荷供电等级为一级，主要负荷有正负极搅拌机、转轮除温机、空压机等。

② 微电网 2：光伏发电 5 组，每组 110kW，共计 550kW。储能为凝胶固态锂电池 630kW/(2000kW·h)，充放电倍率为 0.35C，作为微电网 2 的智能网关单元。负荷供电等级为一级，主要负荷有分容柜、高温房等。

③ 微电网 3：光伏发电 1 组 110kW，柴油发电机 1 台 100kVA。储能为 100kW/(204kW·h) 液冷储能柜，作为微电网 3 的智能网关单元，充放电倍率为 0.5C。负荷供电等级为一级，作为系统基础保障用电备用支路。

④ 微电网 4：光伏发电 5 组，每组 110kW，共计 550kW。储能为磷酸铁锂电池液冷柜 100kW/(215kW·h) 单元 6 组。负荷供电等级为二级和三级，其中，二级负荷 250kW，三级负荷 407kW。

⑤ 微电网 5：光伏发电 5 组，每组 110kW，共计 550kW。储能包括钠离子电池 500kW/(1550kW·h) 单元作为智能网关，及磷酸铁锂电池液冷柜 100kW/(204kW·h) 单元 1 组。负荷供电等级为二级和三级，其中，二级负荷 250kW，三级负荷 300kW。

微电网系统中的关键装置为自主研制，主要有：

① 智能网关储能单元：以构网型变流器控制为基础，同时具备微电网柔性互联中所需要的控制功能。包括实现失电监测、电能质量监测、离网平滑切换、并网快速同步等功能，以及低电压穿越、防孤岛等安全策略。根据负荷对离网切换时间要求的不同，实现了两种切换方案，其中平滑切换方案的切换时间＜3ms，正常切换方案切换时间＜50ms。

② 磷酸铁锂电池液冷柜：采用水冷机组进行冷却，柜内电芯温差＜2℃，同时，优化内部空间位置、连接线路和控制策略，可减少 20%的辅助电能耗。

③ 凝胶固态锂电池预制舱：采用高密度集成方式，配备了包括火灾探测、快速停机、防爆燃面板、主动排风口等主被动安全防范功能，

将安全性嵌入到每一层控制和硬件中。

微电网能量管理系统架构如图 3 所示，主要包括：

① 本地微电网管理控制器（MGMC）：负责本地微电网内部的功率平衡控制和能量优化调度；负责与集群能量管理系统交互，接受集群调度和管理控制。

② 集群能量管理系统（MGC-EMS）：负责整个微电网集群的功率平衡控制和能量优化调度；负责与电网调度系统进行交换，上传数据至云服务器。

③ 博鹭云微电网数据分析平台：负责收集微电网系统的运行数据，进行不同类型储能系统的运行数据对比分析、负荷功率和工序能耗分析。并采用机器学习算法实现负荷预测、电池寿命预测等功能。

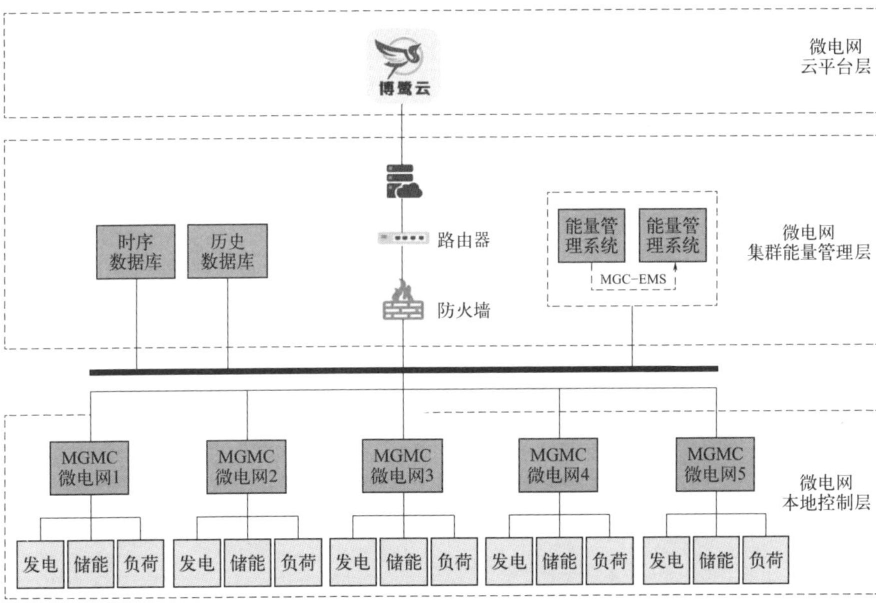

图 3　微电网能量管理系统的架构

其关键创新点包括：

① 关键创新一：微电网系统架构的先进性。采用微电网集群架构，提升了系统的鲁棒性。某一子网发生故障，其他微电网仍能独立运行，保障整体系统的稳定性。通过智能网关和储能单元实现了微电网之间柔性互联和功率共享。该架构设计提升了能源高效利用水平和供电可靠

性，为其推广应用奠定了基础。

② 关键创新二：100%新能源电力电子渗透率。微电网采用了全面的电力电子技术，实现了精准的数字化电能调控，减少了能量损耗，提高了能源转换效率。数字化控制和智能化运行增强了微电网的灵活性，提升了微电网供电的电能质量，对电能质量要求较高的设备具有重要意义。

③ 关键创新三：多储能融合解决方案。通过综合分析负载和可用资源情况，采用了长时和短时相融合的储能方案。系统配置了多种储能类型，并采用多种装配形式，提高了微电网运行的经济性，为绿色制造和成本降低提供了创新解决方案。

④ 关键创新四：生产制造用能与微电网控制策略协同优化。电池制造属于高能耗产业，通过智能规划和微电网的优化控制调度，进行合理的工序安排，提升节能环保水平，实现了能源的高效利用，推动了储能电池的绿色制造并降低生产成本。

三、实施成效

本项目完成了光伏发电系统-储能系统的安装调试，以及微电网配电系统的改造和调试。

系统现场如图 4 所示，系统平台如图 5 所示。

(a) 屋顶分布式光伏

图 4

(b) 凝胶固态锂电池预制舱

(c) 磷酸铁锂电池液冷柜

图 4　系统现场实景

本项目实施后的预期成效如下所述。

（一）技术指标

① 能源利用：微电网具备独立运行能力，提升了系统的供电可靠性和运行能效，能源综合利用效率提高 5%以上。

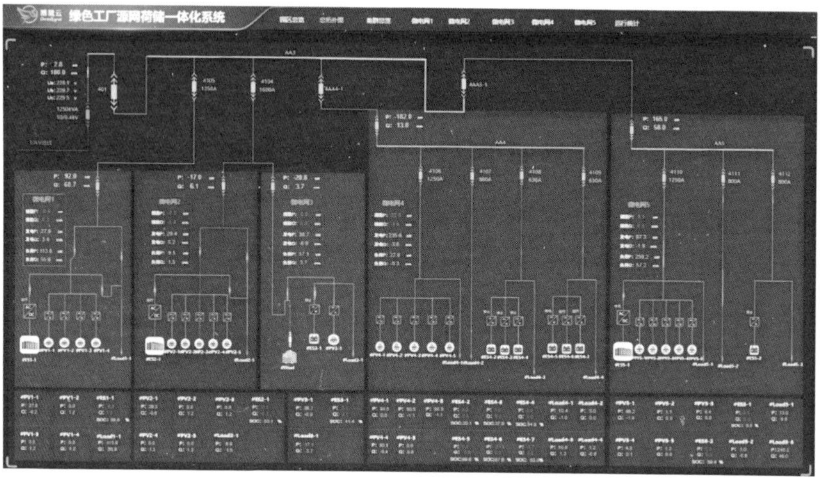

(a)

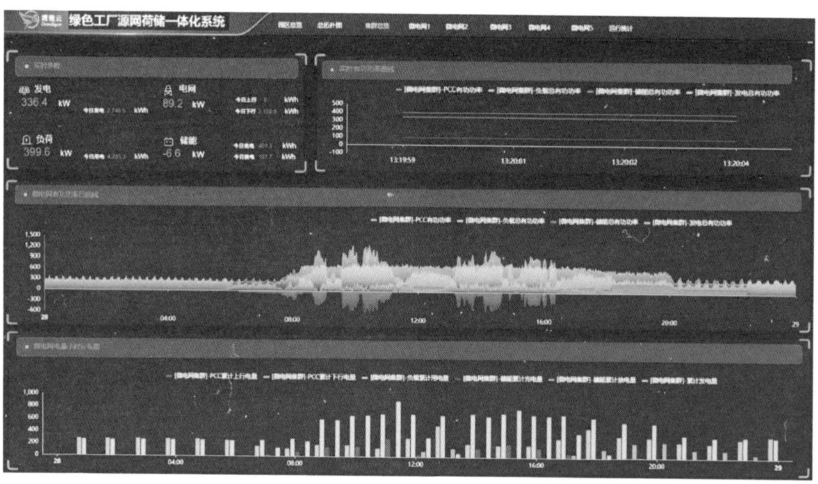

(b)

图 5　混合储能工业绿色微电网示范项目平台

② 灵活调节：微电网属于用户侧应用，实现了用户侧削峰填谷和功率扩容控制，具备灵活调节能力。

③ 自治运行：具备自治运行能力，且各子微电网也具备自治运行的能力。

④ 安全稳定：储能系统采用构网型变流器，具备配电网侧的频率支撑和电压支撑能力。

⑤ 可靠供电：在市电断电情况下，保障负荷正常运行 24h，负荷分级供电运行 72h，照明等生活保障用电运行 7d。

⑥ 绿电消纳：本项目年均光伏发电量估算为 233.2 万千瓦时，预估年均用电量为 766.5 万千瓦时，光伏发电占比约为负荷用电量的 30％，发电就地消纳利用率 100％。

（二）经济指标

① 投资成本：1580 万元。

② 投资回报：投资方获得的平均年收益为 283 万元，与所需投入的资金成本的比值为 17.9％。

③ 用能成本：原有电网年购电成本 517 万元，项目实施后年购电成本 249 万元，减少 51.9％。

④ 运营成本：年运营成本 23 万元，占投资的 1.5％，占年收益的 7％。

（三）社会效益

运行模式采用微电网集群架构，既可独立运行又可联网运行，也可以部分离网运行，可以根据具体情况选择最合适的运行模式，以实现能源的高效利用和供电的可靠性。

① 节能减排：通过利用分布式光伏发电和减少生产过程中的能耗，提升园区整体的综合能源利用效率，有助于减少对化石能源的依赖，从而减少二氧化碳的排放量。

② 政策影响：利用项目积累的经验，建立绿色工业微电网的技术标准体系与评价体系。推动工业绿色微电网在满足园区用能的基础上，作为市场主体参与电力市场交易，为大电网提供支撑并拓宽收益渠道。

③ 能源安全：最大程度地利用可再生能源，减少了对传统能源的依赖，增强了能源供应的自主性和可控性；独立运行能力提高了能源供应的鲁棒性，减少能源供应中断和停电的风险；优化能源调度和管理，可以提高能源供应的可靠性和稳定性。

四、推广价值

通过引入更先进的技术和理念，本项目微电网系统为智慧配电网、储能应用和工业绿色制造的可持续发展提供了实际应用案例和前瞻性的解决方案。主要推广价值如下：

①“多源、多网、多荷、多储”协同运行方式，提升了源网荷储一体化在配电网应用中的可行性。本项目基于用户侧资源的多样性和负荷需求的多样性，通过合理规划子网架构和配置多种储能，采用智能优化控制，实现了“多源、多网、多荷、多储”协同运行方式，能够深化“源网荷储”在配电网侧的应用，满足建设安全可靠、灵活高效、智能友好、开放互动和具有高弹性、高适应性的智慧配电网的需求。

② 多储能融合的实践经验，为优化储能配置提供新思路。在微电网应用中，结合长时储能系统和短时储能系统，采用不同结构形式的储能设备，有效提高了储能的经济性和系统运行的效率。这不仅支持微电网的高效运行，同时也挖掘了储能的综合价值，推动了储能技术在微电网中更为全面、更灵活地应用，为电力系统注入更多新能量。

③ 工业生产制造与微电网运行控制相结合的控制方式，为绿色工业微电网的推广提供了有效的实践方案。通过实时监测和深入分析工业生产各个工序的用能情况，结合微电网调度进行合理的工序流程安排，有效降低了生产成本。这一实践方案为工业制造业提供了可行性，并在推动绿色制造和实现能源高效利用方面具有重要的推广应用价值。

案例八　苏州太仓智能制造型工业微电网示范工程

一、案例简介

在金属制造行业中，能源的使用效率受到从业人员工作经验、材料本身热效率、设施水平等限制，能源浪费现象比较严重。该行业能源消耗量约占全国能源消耗总量的15%，2023年行业碳排放量超过20亿吨，仅次于电力行业。美克生能源公司可为金属制造行业提供绿色转型新途径，以新型储能和数字能源为突破口，有效强化企业降本增效、节能降碳能力，智能化升级园区能源管理，实现业主更安全、更高效、更经济的可持续发展。

美克生能源于2024年2月为江苏仓环铜业股份有限公司（以下简称江苏仓环公司）投建了18MW·h用户侧储能电站。作为微电网项目的核心支撑之一，储能电站不仅可以帮助企业提质增效，更为新型电力系统的建设贡献了重要力量。智能微电网是一个由分布式能源、储能系统和智能控制技术等构成，能够基本实现内部电力电量平衡的供用电系统，是大电网保障电力供应的有益补充，比较适用于耗能大且对用能质量要求较高的工业厂区。

在微电网的建设中，储能系统至关重要，可以让企业绿电“更稳”“价值更高”。随着我国分布式能源应用越来越广泛，越来越多的太阳能、风能接入大电网以满足日益庞大的供电需求，但新能源具有较强的间歇性和随机性，直接接入大电网容易造成冲击。如果加上储能和智能控制系统，构建成“微电网”，不仅可以提高区域电网调节的灵活性、可靠性、安全性，还可以改善企业用电的电能质量。

江苏仓环公司位于苏州太仓高新技术产业开发区，专注于生产各类铜及铜合金管材，其产品广泛应用于空调制冷、太阳能热管等行业。其中，“大国重器”重离子加速器中直接关乎设备导电导热性能的铜管产品就全部来自该企业。2023年，该企业年销售额更是超过100亿元。高产值伴随着高能耗，如何实现节能降本、打造绿色工厂成为该企业的迫切需求。

2024年年初，美克生能源联合国网江苏综合能源公司，基于江苏仓环公司光伏产出和用电实际，为其定制18MW·h储能电站技术方案，并于同年6月成功并网投运。储能项目并网后，不仅帮助企业实现了内部能源的高效利用与精细化管理，还带来了可观的经济效益。基于江苏峰谷电价政策，该项目预计在未来15年的生命周期内，能为公司节省超2000万元的电费。

构建新型电力系统既需要可靠的电力基础设施，又需要智慧的运营方式。该项目非常关键的一点是，储能电站接入了美克生能源自研的数智化能源管控系统——“绿电来OS”。该系统可以聚合管理园区内可调负荷、分布式光伏、储能等多种能源资产，基于AI和物联网技术实现节能降碳与经济效益的双赢。此外，“绿电来OS”系统还可以通过虚拟电厂帮助企业参与电力辅助服务和需求侧响应，进一步提升能源资产收益，提高绿能消纳能力15%、增加能源资产收益20%、提升系统节能效率30%。

江苏仓环铜业18MW·h用户侧储能电站实拍图如图1所示。

图1　江苏仓环铜业18MW·h用户侧储能电站实拍图

二、主要工作和关键创新

美克生能源最终给江苏仓环公司提供了一站式服务，覆盖项目投资、建设、运营、运维、增值全流程。实施建设前专业售前团队进行现场实勘，精准定容并制定个性化项目方案；实施建设后使用 84 台储能柜，高标准交付储能电站，并提供运维、增值等服务，配合分布式光伏、余热回收、蓄冷装备、MES 系统等共同节能降碳。搭载公司自主研发的数字能源管家——“绿电来 OS”，以储能为核心，搭建园区智能微电网，确保手续合规性与施工规范性，实现了协同控制分布式能源资产，最终在 78d 内完成了交付。通过本地服务器和边缘计算终端并联部署，从“源网荷储充”各方面增强电网灵活调节能力，提高电网安全性。

美克生能源通过为该用户投建用户侧储能等绿色基建项目，提供资金、技术、服务等一站式解决方案。通过搭建资产运营平台，实现源-网-荷-储-碳多资产聚合管理，为业主打通能源增收渠道，提高资产运营收益，全面支持工商业实现绿色转型与数字能源升级。

公司通过开展云边协同的绿电来操作系统微电网控制平台项目，形成了一套解决方案，构成了一套具有高交互体验、操作简易、平稳有效的，由绿电来盒子 iEMS、绿电来 OS 物理服务器、绿电来 OS 虚拟机和 EMS 展示界面等组成的“绿电来”数字绿能平台服务系统，如图 2 所示，可以管理包括配电箱、光伏系统、储能系统、充电桩以及气象仪、消防动环、摄像头等负载。绿电来 OS 系统通过本地服务器和边缘计算终端并联部署，实现发电侧、电网侧、用户侧多个系统级电站的并行管理。主要架构包括：

① 南向接口：通过以太网、RS485、CAN 等通信方式，采用 Modbus TCP/IP、IEC104 等规约，实现光伏系统、储能系统、充电桩、燃气轮机、用电负荷、配变电表、并网开关等设备的数据采集和遥控。

② 北向接口：可通过以太网、4G/5G 等连接方式，采用 MQTT 规约，为上层软件系统转发数据并接受计划曲线或遥控命令。

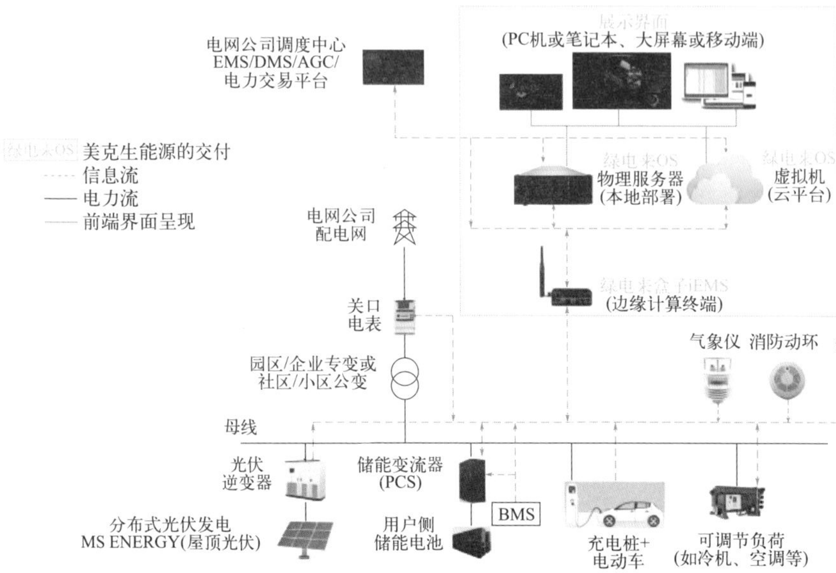

图 2 “绿电来”数字绿能平台服务系统主要组成部分

③ 边缘计算：本地存储的历史数据（光伏发电＋负荷预测），以新能源本地消纳＋无逆功率为目标，生成优化的储能充放电计划曲线、充电桩充电计划曲线、可调节负荷计划曲线等。在相应的时间节点，生成遥控命令，调整储能 PCS、充电桩与可调节负荷的运行状态。

1. 关键创新一

美克生能源自主研发的“储能预防性诊断安全管理系统（PSS 系统）”（图 3）于业内率先破解储能安全技术，以电化学算法为切入点，结合数字孪生、大数据、AI 等尖端技术，其独创的“血液级”电池安全预诊断技术破解了储能安全世界难题。相比业内普遍的储能管理技术，该系统仅采集电压、温度、内阻等表面数据，利用“血液级”电池安全诊断技术，可深入电芯，分析电池机理，基于精准测量和数智化模型，预测电池安全属性，提前 7～15d 告知风险，真正将储能安全预防做到消防前，成功实现了这一领域零的突破。

PSS 系统利用电化学求解器与启发式算法等相结合，对电池的电化学模型进行深度辨识，从中二次提取对电池状态最敏感的电化学模型参

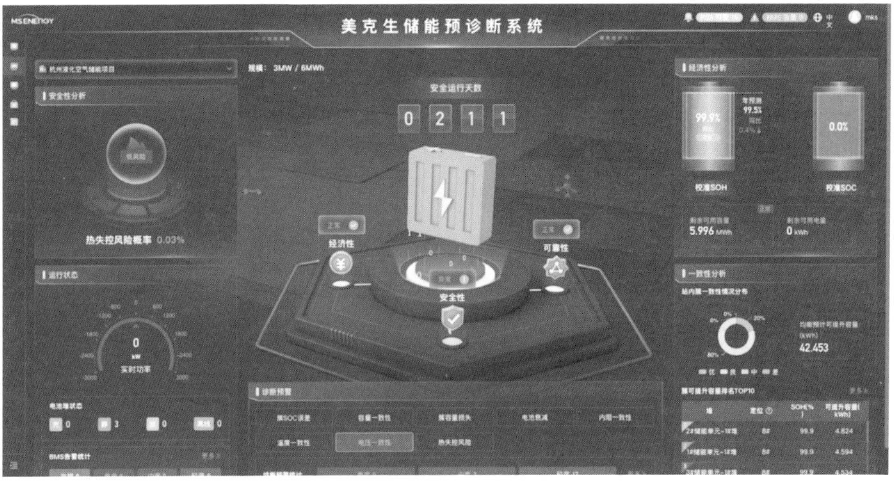

图 3　储能预防性诊断安全管理系统（PSS 系统）

数。对电池是否出现异常进行分析并提供数据驱动式的预防性诊断，生成预诊断报告，提前 7～15d 提醒运维人员在电池真正出现燃爆风险前及时采取运维干预操作，避免事故发生，预计可帮助业主降低运维成本 20％，延长电站寿命 20％。

该系统主要技术指标包括：

① 天级报警预警：被测电池系统触发热失控，提前告警时间≥12h。

② 电池模块完成均衡处理后，内部不同电池单体间的动态压差在充电时不大于 10mV。

③ 对于电池系统，在－20～65℃（含）范围内温度检测精度满足±1℃；在－40～20℃以及 65～125℃（或电池管理系统标定的最高测量温度）范围内，温度检测精度满足±3℃，采样周期不大于 1s。

④ 电池电压模拟设备稳压精度＜1mV，工频纹波电压＜0.5mV，响应时间＜50ms；总电流模拟设备稳流精度＜0.5％FS，响应时间＜10ms；总电压模拟设备稳压精度＜0.5％FS，工频纹波系数＜0.05％，响应时间＜100ms。

2. 关键创新二

美克生能源在源网侧及用户侧以“储能＋数字化”为核心能力，以储能科技为核心能源中枢，通过美克生能源自主研发的数智能源管家——“绿电来”数字绿能平台服务系统（绿电来 OS）链接多种能源终端应用场景，聚合新型电力系统下用户侧绿色能源资产，接入电网系统、电力市场、碳市场等，形成“绿网”生态，对能源生产者与消费者双向赋能，实现绿色能源价值全链路提升。

该产品通过开展微电网能源设备物联、云边协同智能调度平台开发以及在此基础上的能源动态协同管理、电池健康安全预测维护技术突破，采用卡尔曼滤波的功率预测模型与算法，构建独特的“终端-边缘计算-云计算”三层架构，实现了微电网能源管理系统云边协同、数据汇总和即时信息处理能力（不高于 15s 上传一次数据，单次 1MW · h 储能单元数据转发不低于 1500 个；SOC 矫正误差不高于 5%；全生命周期内 SOH 矫正误差不高于 1%），实现与能源变革相匹配、拓展形成立体化的能源管理网络，从“源-网-荷-储-充”各方面增强电网对于电源的灵活调节能力，提高电网的安全性。系统由绿电来盒子 iEMS、绿电来 OS 物理服务器、绿电来 OS 虚拟机和 EMS 展示界面四部分组成，通过具备南向接口（设备端）、北向接口（电网端）的本地服务和边缘计算器部署，实现用户侧不同规模、架构和功能的电站并行管理。“绿电来 OS”平台主界面如图 4 所示。

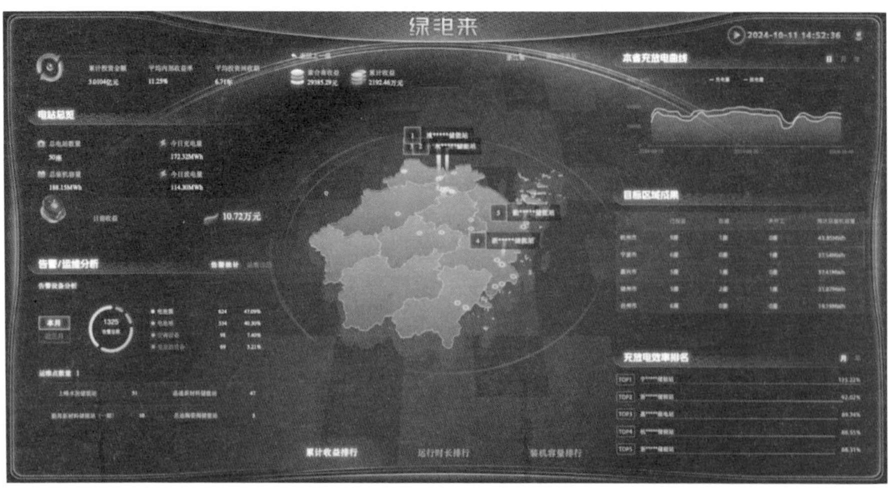

图 4 “绿电来 OS”平台主界面

该产品主要技术指标包括：

① 功率预测服务：生成未来1～7d的光伏发电功率预测曲线和负荷预测曲线。

② 免拆解电芯检测服务：单电芯单次安全性检测时间不低于0.05ms。

③ 数据采集转发服务：大规模储能电站数据收集、转发，不高于15s上传一次数据，可实现单次1MW·h储能单元数据转发不低于1500个。

④ SOC/SOH矫正误差：SOC矫正误差不高于5%；全生命周期内SOH矫正误差不高于1%。

以上部分共同支撑用户侧的资产管理、监控、运营、运维和智能决策等多项业务。系统平台的部署位于物理机房中的绿电来物理服务器群组内，采用超融合技术，构建绿电来OS虚拟机集群完成高可用系统运行支撑。虚拟化模式不仅最大化了物理资源的利用率，还降低了单点故障的风险，从而确保系统平台的稳定运行。

在平台的设计上，采用对象化建模的思路，构建先进且功能强大的系统，能够灵活接入不同类型的用户侧资产。此外，平台具备强大且灵活的可配置能力，支持动态组合个性化界面，满足用户的多样化需求。

为提升云边协同系统的性能和响应速度，平台基础中使用云边协同技术，为iEMS与云平台建立信息同步通道。这一技术实现了系统配置信息、采集数据和控制信息等的低延迟交互，支持海量高频数据的存储与分析，进一步增强了系统的智能决策能力和运营效率；系统平台整体技术架构采用当前流行的微服务架构，每个组件微服务由相对统一的功能组成，为整个大系统提供统一的服务。主要功能模块包括模型管理、负荷预测、HMI配置、PSS诊断、资产管理、智能运维、辅助服务等。

三、实施成效

优质选型、精准定容，实际工况下系统效率保持在高水平，平均运行效率达到88%；仅削峰填谷，全生命周期可为业主节省超3500万元；消纳绿电节能减排268万吨/年，能源管理能效提升30%。

电站已接入美克生能源自主研发的绿电来OS，该系统能聚合多种绿能资产，建立源网荷储碳一体化智慧运行体系，实现分布式能源站端智能管理与远程集控。同时，美克生能源的运维团队也会定期进行巡检，确保项目的稳定高效运行。随着电力交易市场的逐步开放，绿电来OS将通过参与辅助服务、提供定制化电力交易策略等方式，进一步打开能源资产增值空间，拓宽电站收益，为客户创造最大利益。

匹配标准化+个性化充放电策略，释放更多可用充放电空间，深度参与需求侧响应与电力辅助服务，实现更高项目收益。基于分时电价政策，确定基础充放电策略；基于企业负荷规律与电站状态，一键参与电力交易。

经实施后，该技术能精准解决金属制造行业用能痛点，带来可观的项目成效，大致表现在以下几个方面：

① 节省能耗支出约3500万元：业主零成本享受电费折扣、美克生负责全生命周期服务，企业无现金流、利润表压力。

② 节能减排约268万吨/a：精准定容保障最优电能消纳率，配合新能源发电加速绿能替代。

③ 提升能源管理能效30%：与MES系统配合，实现产线用能精细化管理，节能诊断生成最优用能策略。

④ 统一平台聚合管理分布式能源资产：消除分布式能源资产数据壁垒，打通监控、运行、管理、运维等子系统，实现多能协同互补。

⑤ 集团级总体监控全量数据：GPU+CPU架构并行处理海量数据，实现从集团到电芯的全景全量分析并辅助决策。

四、推广价值

江苏仓环公司的成功实践为行业落实“双碳”目标、践行绿色生产树立了典范，更为工业园区参与新型电力系统建设提供了经验和借鉴。江苏仓环18MW·h工商业储能项目的成功并网，是苏州市“绿色升级”的又一重要里程碑事件，为用户侧储能应用实践提供了示范样板。这一项目不仅将助力企业提升单位产值能效，实现节能降碳、绿色转型，还将有效增强电网调节能力、提升电力供应稳定性和可靠性。

其项目效益和价值还表现在以下方面：

① 削峰填谷：作为收益压舱石，降本增效提升产品价格竞争力。

② 动态增容：强力支撑电力保供，保持用电高峰高产能持续运行。

③ 搭建微电网：能源管理精细化，实现园区多能互补与智能协调。

④ 应急电源：保障生产与能源安全，确保紧急断电时生产安全。

⑤ 增值收益：智能运营，打通电力交易增收渠道，提升项目经济性。

案例九　深圳低碳园区型商业微电网示范工程

随着我国经济从高速增长阶段逐步转向稳健高质量发展的新阶段，商业园区作为区域经济发展的重要载体，其运营管理模式正面临着前所未有的现实挑战与创新发展机遇。商业园区作为现代城市中主要的能源消耗场所，普遍面临新能源应用比例偏低及负荷峰谷差值较大等问题，其用能体系蕴含显著的降本增效空间，由此推动了园区智慧能源系统的创新发展，并对园区能源管理水平提出了更高要求。商业园区通常具备相当规模的闲置空地资源，可有效配置屋顶光伏发电系统及分布式储能设施。园区内部终端用能设备种类繁多且具有灵活调节特性，涵盖电动汽车、中央空调等柔性负荷资源，展现出巨大的调控潜力。通过将园区内典型柔性负荷、分布式光伏及分布式储能设施作为可调节灵活性资源，在充分保障园区用户用电需求及用电舒适度的前提下，协调优化园区能源生产、储存与消费各系统间的能量交互关系，实施统一的能源管理与调度策略，能够全面提升商业园区源-储-荷系统的整体经济性。

厦门新能安科技有限公司联合深圳华工能源技术有限公司，为深圳市天健置业有限公司旗下的商业园区——天健云途·创智中心打造了源网荷储一体化智慧低碳园区项目。

① 源侧：利用空余屋顶建设太阳能光伏发电系统，提供长期稳定的绿电供给。

② 网侧：打造园区能源互联网，搭建园区智慧能源管理平台，进行精细化用能管理。

③ 荷侧：深度挖掘园区可调节负荷资源，建立智能自控能力。

④ 储侧：建设高性能一体化储能电站，对中央空调系统及蓄水池进行节能改造，提高用能效率，同时建立弹性调节能力，降低用能成本。

⑤ 充电侧：建设充电桩系统，提供便捷的电动汽车出行服务，实现资产自主管理。

在源网荷储各要素构建的基础上，进一步打造一体化管理、交易、运营能力，通过参与深圳市虚拟电厂带动各要素协调互动、高效运营，为园区获取增值收益，助力园区节能、减碳、降本、增效、增收。

项目基于园区的用能特性与资源环境，全面打造“源-网-荷-储-充”一体化生态体系，搭建园区源网荷储一体化管控平台，创新性实现屋顶光伏、新一代工商业储能、高效机房、中央空调水蓄冷、新能源汽车充电桩和园区内负荷单元的全量接入与一体化智能管理，通过虚拟电厂运营系统高效参与深圳市虚拟电厂交易，构建运营理念与收益突破传统模式的新型能源资产运营管理体系，帮助建立能源资产运营能力，优化招商引资环境，提升园区综合竞争力，同时以可复制模式在同类园区中广泛推广。

一、主要工作和关键创新

面向园区各能源系统进行全方位数字化改造与升级，通过构建“采集—分析—服务—交易”四层架构体系，打通数据流、能量流、资金流，打造覆盖园区及园区企业的智慧能源管理与服务生态，实现园区智慧能源全生态闭环。

① 采集层：实现高质量、低成本的多时间尺度数据采集，为智慧能源服务提供高质量数据支撑；

② 分析层：建设园区智慧能源数字化管理平台，支撑园区各类智慧能源业务的开展，服务园区整体智慧用能需求；

③ 服务层：基于分析层对能源数据的深度挖掘分析，结合企业的能源整体规划，增加包括分布式光伏、分布式储能、充电桩、蓄冷空调等各种形态的新能源模块，挖掘企业的可调资源，提升企业新能源消纳能力；

④ 交易层：构建了源网荷储一体化参与电力交易和可调资源聚合调控策略支撑系统，形成灵活的移峰填谷、需求侧响应及新能源消纳能力。

（一）打造源网荷储一体化生态体系

基于新能安长循环、低衰减、宽温域电芯的工商储产品及华工能源自主研发的园区级智慧能碳一体化管控系统，在天健园区构建了一张微型能源互联网，建立实时动态的能碳大数据底座，实现园区内部源、荷、储、充等各类资源对象的统一调控管理，支撑园区高效开展智慧能碳管理、新型能源设施运营、虚拟电厂交易等，进而将天健云途·创智中心打造成为面向“双碳”的源网荷储一体化运营新型园区。

1. 网侧

通过非侵入式数据采集与边缘计算终端（图 1），实现能源设施状态感知与数据采集，链接多种其他类型能源数据及分布式能源数据实时接入，为企业的智慧能源管理提供大数据支撑。

图 1　非侵入式数据采集与边缘计算终端

构建园区能源互联网，建设园区源网荷储一体化管控平台，统筹源荷储要素进行能碳智慧管理，接入楼宇内的光伏、储能、充电桩、蓄冷、负荷等源网荷储各要素内容，以“能源驾驶舱＋管理后台”的前后台互动形式，通过数据采集、后台建模分析、联动电力市场交易等技术手段，提供综合能耗分析、碳排放分析、智慧能源运营调度、一体化参与电力交易等功能，建立对能源要素的统筹管理和统一运营能力，助力楼宇低碳管理的同时，实现运营收益最大化（图 2）。

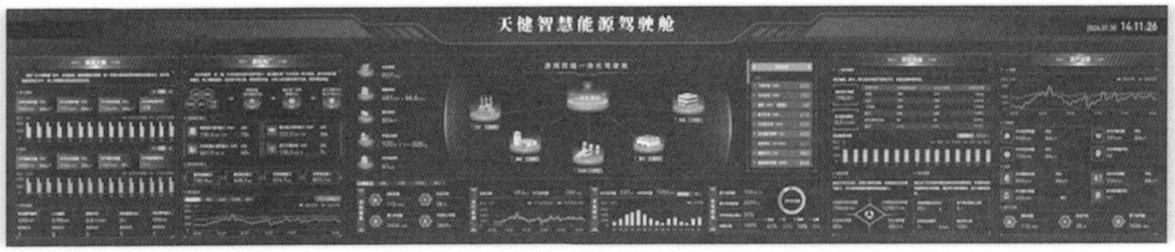

图 2　天健源网荷储一体化驾驶舱

同时，建设园区虚拟电厂交易平台（图 3），基于企业源网荷储各要素的建设，构建企业自身的聚合调控能力，实现对企业可调生产负荷、分布式储能、中央空调蓄冷、充电桩、换电站等各类可调节资源的聚合调控，打造灵活稳定高效的虚拟电厂运营体系，高效参与深圳市虚拟电厂与电力市场交易，实现运营收益最大化。

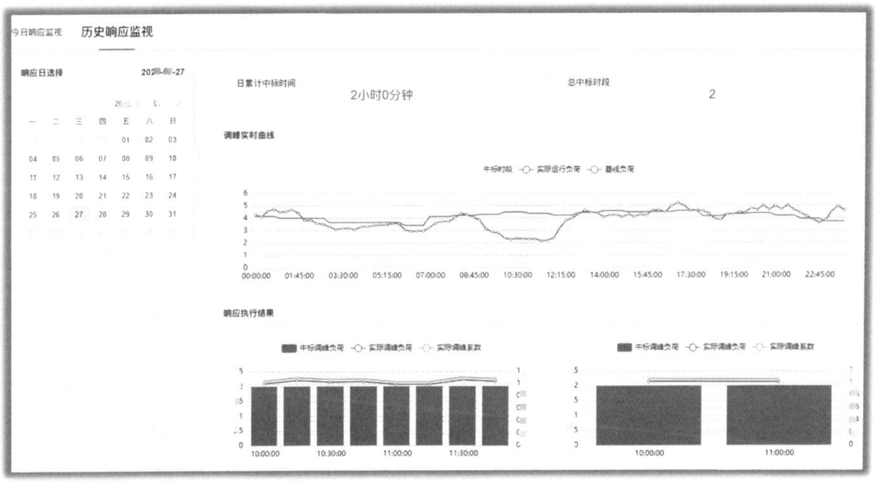

图 3　天健虚拟电厂交易平台

2. 源侧

利用楼宇屋顶建设 112kW・p 太阳能光伏及管理系统（图 4），实现发电精准管理，作为新能源设施为企业提供更多的绿电和供电保障，探索光伏绿色电力就近消纳和参与市场化绿电绿证交易的有效途径，提高区内绿色电力消费占比。

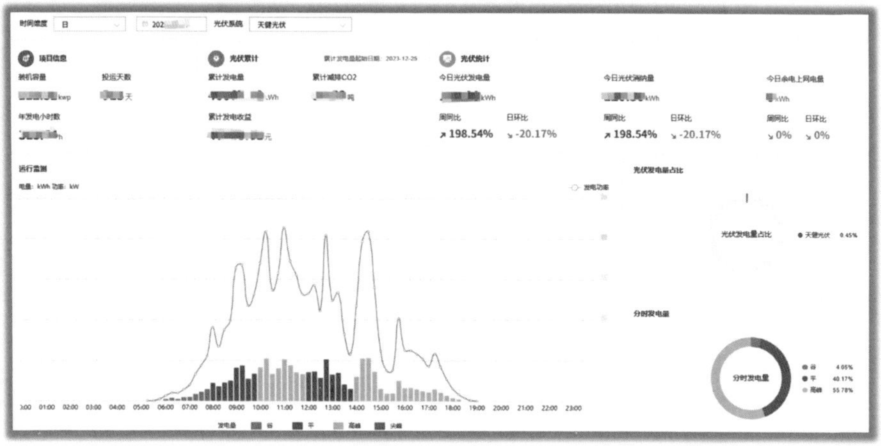

图 4　天健屋顶光伏管理系统

3. 荷侧

建设智慧能源管理系统（图 5），为园区提供实时用电用能数据服务，实现能耗可视化监管与个性化服务，保障园区做好总体能耗管理，并为源网荷储优化调度提供精准能耗大数据分析，实现各负荷单元的分级分类精准管理。

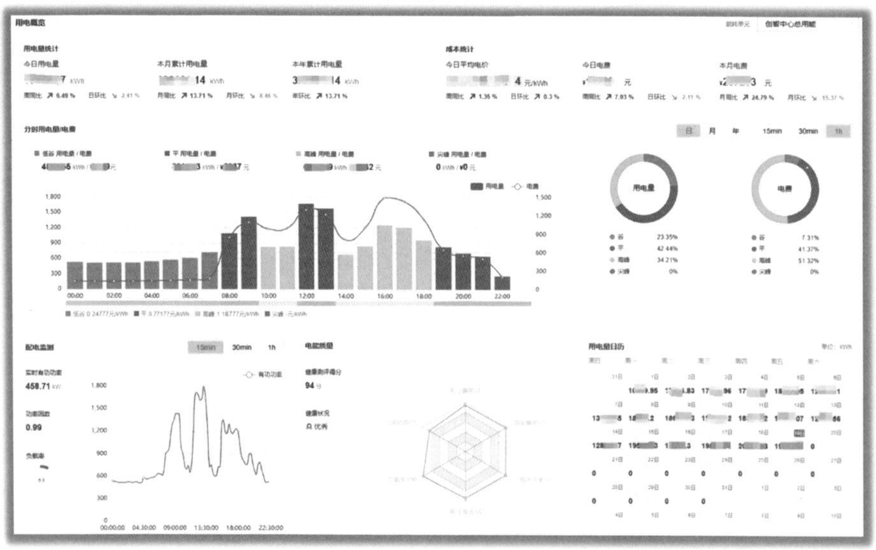

图 5　天健负荷侧管理系统

4. 储侧

（1）分布式储能

以“保供电＋盈利＋新能源消纳能力建设”为目标，结合园区变压器容量、用电情况及场地条件，建设分布式储能 0.53MW/(1.06MW·h)，采用新能安长循环、低衰减、宽温域电芯的工商储能产品，有效寿命长达 15 年，其间无需更换电芯。高性能电池 DOD 可达到 100%，SOC 在 0～100%工况下运行，实测电池首年运行零衰减，综合考虑消防、热交换器等辅助设备全时段损耗后，实测系统循环效率达到 88%以上，系统各项参数均大幅高于行业水平。

① 电芯本质安全：高安全材料体系、极片结构和 N/P 优化比、过程性缺陷控制、电芯安全应用边界标定。

② 系统健壮性设计：热安全设计（热扩散抑制、异常热源防护）、环境耐受性（防凝露）、电气安全（绝缘防护）。

③ 电气安全：三级关断、两级熔断、主被动结合过载、短路保护。

④ 主动安全：Pack 级 BMU、簇级 BMU、系统级电力电子保护、极早期火灾探测及消防联动、云边协同全生命周期故障诊断。

⑤ 消防兜底：精准控制，安全泄爆。

天健分布式储能系统如图 6 所示。

（2）中央空调、蓄冷改造

一方面针对既有中央空调系统进行高效节能改造，提高系统效率、降低能耗，另一方面对 B 塔 720m^3 消防水池进行蓄冷水池改造，实现“一体两用”。夜间采用 400RT 主机进行水蓄冷，在不影响供冷质量的基础上，高效实现移峰填谷，赚取峰谷价差。同时建立弹性调节能力，从市场化响应中获利，实现整体收益最大化。

天健蓄冷管理系统如图 7 所示。

5. 充侧

通过建设充电桩管理系统（图 8），实现 70 多个汽车充电桩的统一调度，掌握费用管理权，实现资金自主管理，依托充电管理系统构建负荷精细化管控能力，掌握充电桩调度权，作为灵活可调资源有效参与市场需求响应，通过高效调度和管理获取增值收益。

图 6　天健分布式储能系统

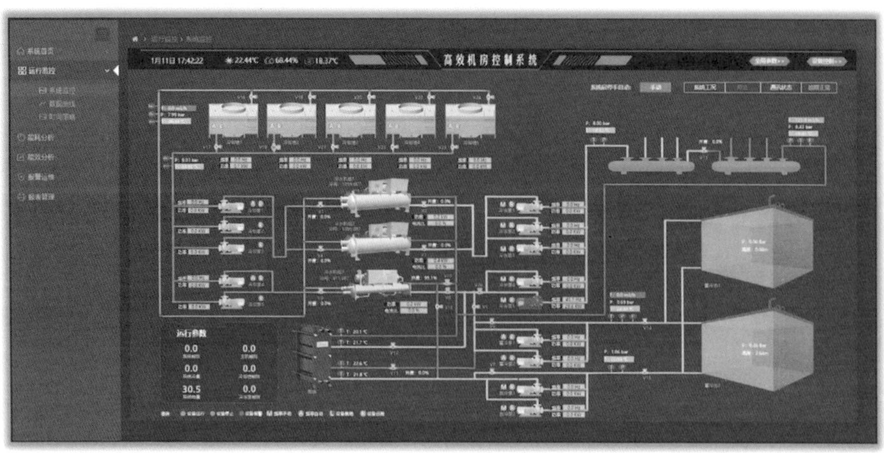

图 7　天健蓄冷管理系统

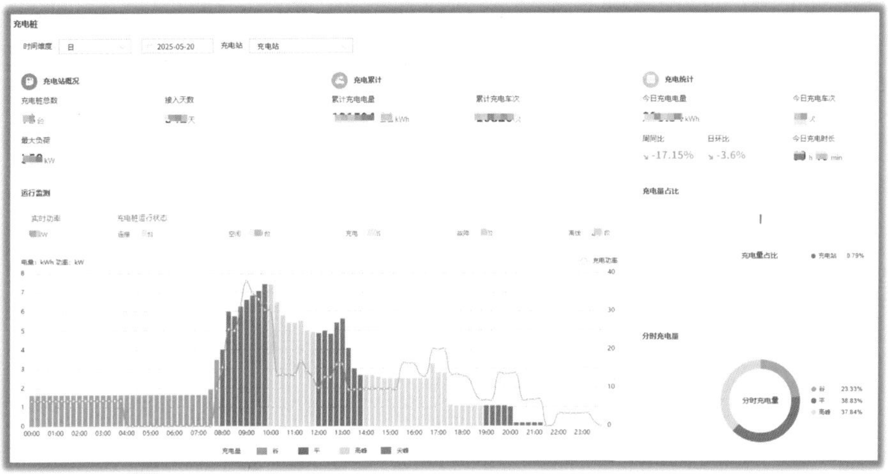

图 8　天健充电桩管理系统

（二）构建云边协同一体化 EMS

项目储能管理系统采用华工能源云边协同一体化的 EMS 系统，相比于传统的 EMS 仅针对峰谷价差模式做控制，云边协同一体化 EMS 可以对接园区虚拟电厂交易平台衔接电力市场，根据电能量价格、基线负荷、中标参数等信号，通过日前寻优、日内滚动、实施控制等多时间尺度的优化，综合制定储能系统最佳运行策略，获取峰谷价差、需求响应、电力辅助服务、现货套利等电力市场多重收益，实现储能收益最大化。

1. 本地端

本地端主要是实现储能基本控制功能。天健云边协同一体化 EMS 本地端硬件如图 9 所示。

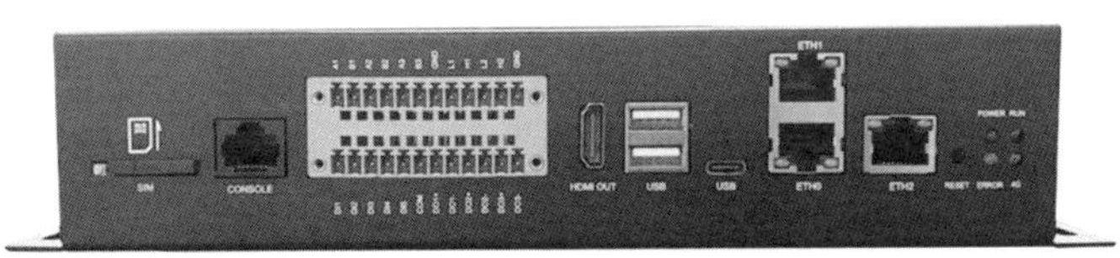

图 9　天健云边协同一体化 EMS 本地端硬件

主要功能为：

① BMS、PCS、消防等子系统数据全量监测并上传至云端；

② 接受并执行云端指令，需量控制、防逆流保护；

③ 预置充放电策略，具备脱离云端独立运行能力。

2. 云端

云端无缝对接虚拟电厂，实现调控策略动态寻优。天健云边协同一体化 EMS 云端系统如图 10 所示。

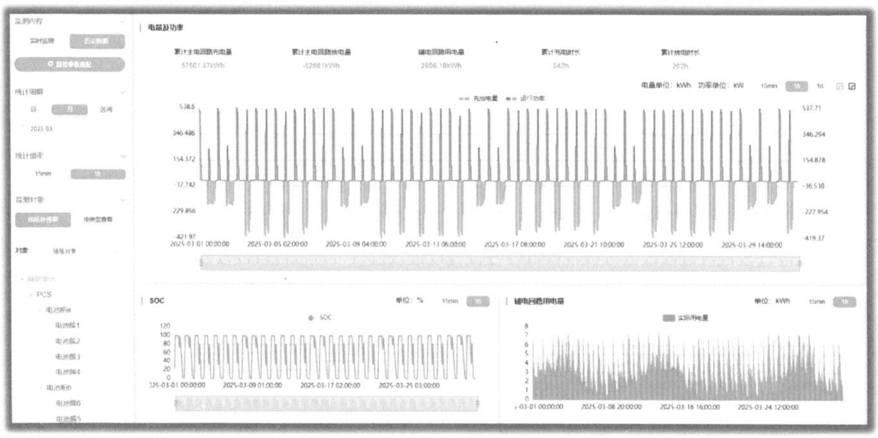

图 10 天健云边协同一体化 EMS 云端系统

主要功能为：

① 系统全量数据监控和运维管理；

② 电厂/负荷聚合商平台，参与多目标市场获取收益；

③ 多运行模式、多类型策略运营管理，实现储能多时间尺度动态优化调度。

项目建设了统筹管理所有能源要素的源网荷储一体化平台，将园区内生产负荷、光伏、储能、蓄冷、充电桩等各类要素全量接入，统筹管理用电波动性，实现在参与虚拟电厂交易时保持用能负荷可调、可控，支撑储能高效动态参与电力市场各交易品种。同时，源网荷储一体化平台为园区提供负荷管理、电价管理、碳排放管理等系列功能，支撑园区开展精细化能源管理运营工作。

（三）虚拟电厂长周期运营

基于虚拟电厂交易运营管理平台，以及专业化交易运营团队，对项目进行全生命周期的精细化运营管理，包括：①以峰谷价差收益最大化为目标的日常运营；②参与需求响应、电力辅助服务、现货套利的虚拟电厂运营；③参与各类政策补贴与奖励的申报；④持续跟踪电力市场政策，及时对系统进行升级。

通过技术团队长周期的精细化运营与动态升级，深度融合智能算法与数字化技术，协同优化源、网、荷、储各环节资源配置，实现多维度收益叠加与能效提升，在确保系统安全可靠运行的同时，显著增强园区电力系统的市场竞争力与低碳调节能力，为新型电力系统建设和“双碳”目标达成提供创新性解决方案。

二、实施成效

1. 储能基础收益提升

以新能安长循环、低衰减、宽温域电芯的储能系统为基础，协同华工能源云边协同一体化 EMS 的运营策略优势，根据负荷波动特性执行动态移峰填谷策略，充分挖掘电池性能优势，最终实现 DOD 达到 100%，SOC 在 0～100%区间内运行，包含电池、PCS、消防等辅助用电全时段能耗损失后的系统总体循环效率达到 88%以上，将电池充放电性能发挥到极致，全年削峰填谷的动态管理收益相较于传统静态策略提升约 3.1%。

2. 储能增值收益获取

云端 EMS 根据电能量价格、基线负荷、中标参数等信号，通过日前优化、日内滚动、实时控制等多时间尺度的优化，综合制定储能系统最佳运行策略，同时，源网荷储一体化系统统筹管理光伏、充电桩、负荷等发用电的波动性，有效支撑储能系统高效调控。2024 年 3～12 月，累计参与深圳市虚拟电厂 24 次，有效调节电量共约 19MW·h，响应达标率 100%，全年整体收益提升约 26.5%，投资收益率提高约 5.4%。

3. 园区整体节能降碳效益

该源网荷储一体化智慧低碳园区项目的建设，预计可通过光伏系统降低能耗约 11t 标准煤/a、减少碳排放量约 70t CO_2/a，可通过空调机房高效改造实现节能效率提升约 33%、降低能耗约 98t 标准煤/a、减少碳排放量约 450t CO_2/a，累计可实现降低能耗约 110t 标准煤/a、减少碳排放量约 520t CO_2/a，实现年能效成本降低 110 万元以上。

三、推广价值

通过对楼宇进行智慧能源数字化升级与建设，打造楼宇型智慧用能管理服务平台与源网荷储一体化优化调度系统，实现楼宇内企业能源数据的聚合分析与综合管理，可以将楼宇资源从载体升级为平台，从传统资产升级为数字资产，充分挖掘楼宇在能源领域的潜在拓展应用空间，助力提升能源运营管理能力，创造新的收入来源。

本项目以商业楼宇园区为样本，具备典型的示范拓展意义，可为同类型商业园区的低碳建设提供样板支撑。